勇敢，就能擁抱世界

梁珮珈——著

目錄

02 踏出舒適圈 我的初創之旅

03 出走世界 在旅途中成長

04 我在學習當主管

05 糖衣背後的汗與淚

06 感謝走過的路

推薦序01

工頭堅　網路媒體《旅飯》、米飯旅行社共同創辦人暨旅行長

作為一名在旅遊與網路產業領域有點資歷的大叔，除了日常的公司經營、產品企劃與領隊帶團等工作以外，我始終保持著對於「旅遊初創」趨勢之觀察熱情。那也許是一種心理補償，以悼念自己未能在更年輕的歲月，就迎上可能性無窮的網路時代，或更早體認到「旅行」是最適合個人脾性與興趣的工作。

儘管在別人看來，或許我在現今的職涯已稱得上薄有微名，但其實內心底，對於在尋覓過程中浪擲的諸多光陰，回想起來，仍常有時不我與、恨不得從頭來過的悵然。有一回帶著學生團到日本東京參訪某家以教育為宗旨的初創企業，負責接待的老師，在演說中提到：「人，愈早確定自己的專長及興趣愈好，因為那樣一來，你就有更多餘生的時間可以反復練習，以臻至境。」一站在一旁聆聽的我，仍有當頭棒喝之醒覺。

或許這就是為甚麼，當在臉書上見到有個香港女生，年紀輕輕地，便加入我相當推

崇並看好的台灣旅遊初創公司——KKday，並且擔任開疆闢土的跨國主管，不僅如此，後來還兼任整個東南亞區域的總監……我實在太好奇，便趁著一次到香港出席活動的空檔，與Rebecca相約，聽她親口說自己的求職與工作故事，以及對未來的規劃。更驚訝的是，她告訴我，已把這些經歷，寫成了書，希望能夠給更多有同樣徬徨或夢想的年輕人參考或鼓勵。

欸，對於折騰了大半輩子，不久前才磨出第一本書的大叔，心中不免嘀咕，時代的巨輪，可不可以慢點把我們碾壓過去？

收到Rebecca寄來的書稿，閱讀後從中可以精萃出兩個關鍵字：「初創」與「旅遊」，正是我過去將近二十年所關注的主題，這部分讀來當然興味盎然；至於一些工作或生活上的體悟，對於歷盡世間冷暖與風霜的中年男子而言，雖然難免稍嫌生澀（笑），卻也是鮮活而流暢；有許多她在工作上的挫折或瓶頸，甚至也是自己曾經遭遇過的類似情境，特別有共鳴。

而更重要、卻可能也是一般讀者未必著眼的角度，則是在她所記述的工作經驗中，我們得以瞥見，一家未來可能成就偉大的台灣旅遊初創公司，草創初期的過程與細節。

這部分可能是我在閱讀過程中感到最滿足的收穫——畢竟，過去總是讀著國外網路或科技 startup 的發跡史而擲書三嘆，真正記錄下本島這些熱血初創故事的，卻是少之又少啊。

Rebecca 在自述中提到，她的本錢不是年輕，「而是努力和勇氣」，我很同意，甚至想對她說，梁珮珈，妳這些故事，也給了大叔勇氣，期勉自己尚不能懈怠，還得繼續往前探求，免得遲早被時代給淘汰。

推薦序02

唐宏安　旅遊作家

外型還是跟剛畢業的大學生一樣，活力四射帶著陽光笑容的Rebecca，扛著「九十後」的標籤，卻有著完全不同於現在年輕人的經歷。

她願意將自己人生闖蕩與打拼的故事寫下來，實在是太讓我期待。在普遍大家覺得經濟不好、沒有未來、職場前輩擋住升遷管道……抱怨的環境中，她從來不與大家走一樣的路。

香港女孩隻身來到台灣，加入草創時期的初創公司，之後更被派去東南亞國家打市場。每個決定都需要決心及過人的勇氣。後來當上了主管，又是另一個階段的學習。

翻看書的目錄，可以看到每一篇都是這幾年她在人生道路及職場道路上深刻的學習與體悟，細細檢視自己這幾年的收穫，並且毫不藏私的寫成一篇篇故事，將自己過來人的經驗，與讀者分享。年紀比她大的讀者，在看了這本書之後，肯定會佩服這個小女生，怎麼這麼有勇氣，將職場中一切的辛酸考驗當成人生的體驗。未滿三十歲的她甚至在三十歲前夕裸辭了，只因為她想要探索自己更多的可能性，實在讓我要大聲為她掌聲喝采。

而我更迫不及待，希望將這本書分享給更年輕的學生們，或是剛進入社會的職場練習生。在Rebecca的故事中，你會發現自己還可以更放膽嘗試，還更應該放下顧忌，更該把握年輕奮力一搏。如果你也願意挑戰自己，或許你也可以寫下一篇和她一樣精彩的人生篇章。

快翻開書頁，看看她要跟你分享的故事吧！

推薦序03

陳明明　KKday 創辦人

Rebecca二十二歲時加入KKday，不到兩年的時間成為KKday香港暨東南亞區區域總監，帶領數十位不同國籍的同事。

她以自身的經驗，分享在這極速增長的過程中，如何調整心理壓力與提升工作效率的心法，對年輕人從學校到社會工作，提供了很好的建言，值得一讀。

推薦序04

張益麟　興迅集團創辦人及香港青年工業家協會副會長

以為緣起自一頓晚宴，但其實是我們有著同樣的成長經歷和一份熱愛香港的心。

認識 Rebecca，緣於二零一八年五月一個晚宴，我們都是嘉賓之一。我們一枱十二人來自不同界別，所以我們邊吃邊作自我介紹，當 Rebecca 這位全場最年輕的小妮子介紹自己時，我們均留下深刻印象。她的談吐和經歷，絕不像一個初出茅廬的少女。

晚宴過後幾天，我們便相約再作交流，原來她對我在晚宴上所談及的社會創新項目和以「創造共享價值」（Creating Shared Value）作為企業使命感到興趣。傾談中，我發現她在投身職場不久時，已經想用自己能力貢獻社會。及後大家久不久便一聚，交流大家在成長、讀書、搵工及創業之經歷和人生目標。進取的她，每次都帶來一些問題作前菜或甜品，看看我有甚麼意見。她確實是一個主動、勇於改變和面對困難的小師妹。

二零一九年初，看到 Rebecca 在不同共享工作間和大小企業作分享，以為她會對自已離校幾年間之發展感到滿意，她卻在此時跟我說要離開 KKday 這舒適圈。離開不是因為被挖角或有所不滿，而是她說要趁年輕，多放眼世界和挑戰自己，所以裸辭了。

我很高興看到這個土生土長的年輕人為自己理想而努力奮鬥，一步一腳印去開拓新領域。書中內容與我從大學、就業以至創業之經歷有很多共通點，這也說明此書不單是 Rebecca 之回顧，亦詳列了許多實務經歷，供準備投身職場以至創業的朋友們參考。

在本書中，雖然 Rebecca 以初創企業（Startup）管理人的身分作分享，但你還可感受到她充分展示出「創業家精神」（Entrepreneurship），而此經驗往往無法在課堂上傳授，幾乎完全得以實務經驗為依歸。Rebecca 在書中，亦分享了做人做事應有之態度——能夠在不斷的失敗中持續學習而具備豐富的知識與經驗，並在實務工作上做最好的執行，就是年輕人最重要的競爭力。

各位朋友，Rebecca 所提供的經歷和心得，或許不能保證你的事業必然成功，但我相信一定能讓你在就業或創業過程中做最好的準備，讓你具備最佳心態來學習充分的知識，在過程中迎接最艱鉅的任務與挑戰！

推薦序05

曾昭學　元創方前總幹事

回想起二零一四年，認識梁珮珈是基於一連串的「培育初創企業」事件推展的一個因緣。首先，元創方（PMQ）本身就是政府和民間有心人士透過一個三級歷史建築物的保育與活化來培育設計、創意產業的初創企業的大型計劃，憑著同心文化慈善基金會港幣一億元的捐款，和象徵性港幣一元的政府租金，以自負盈虧的營運方式，雲集一百位初創企業的設計師，形成香港前所未有的創意地標，開幕五年以來迎接了超過一千六百萬人次的參觀者，亦見證了香港不同地區專為迎合初創企業的共享工作空間由五百家迅速增長至二千八百家。年青人創業的熾熱情緒正在迅速升溫。

就在認識珮珈前的數個月，香港大學前校長馬斐森教授來到元創方參觀，期間主要商談香港大學如何推動更多畢業生創業，當中包括旗艦活動「Dreamcatchers」。基於元創方董事局內有數位董事和我本人均為校友，又與元創方的工作可以產生協同效應，可以說是一拍即合。另一邊廂，其後當元創方進行招標邀請建議書舉辦二零一四年萬聖節活動的時候，當中竟然有來自香港大學應屆畢業的初創團隊參與競逐，令我眼前一亮，奈何這支團隊最終在缺乏往績和經驗下而落選。

也是基於與香港大學推動創業大環境的合作，元創方和這支團隊改以合作方式嘗試在萬聖節增加多一項體驗遊戲活動，珮珈的獨特創業精神才開始慢慢地浮現出來，在一眾團隊成員之中表現出與眾不同的企業家特質，那時我主要觀察得到的，就是珮珈在執行力上的多樣性，香港俗語說的「入得廚房，出得廳堂」，就像天生的誠懇的說服力、沒有堆砌的陳述，而最重要的和最難得的，就是珮珈在事態發展變得困難重重而解決方案不可見的情況下，仍能堅持自己的判斷和一貫的承擔，正正體現她在書中所說，她對人文（Humanity）的信念：「善良是一種選擇，可以失望，但不要絕望。」

與珮珈的交流亦因為活動的完結而稍為停頓下來，反正現代人擁有社交媒體便好像沒有了失聯的可能性。大約一年後收到珮珈任職一間台灣初創的消息，往後只知道她的奔波，以及偶爾的訊息交流。又另外兩年之後，珮珈終於和我分享多一些她在初創路途的一些歷練、一點成果，以及仍然逗留在迷霧中的不安。大約亦在此階段，我開始確立和她的一種師友關係，對她往後的發展好像多了一份承擔，縱然明白她的路從來都是她的赤手空拳、一步一腳走過來的。

離開讓人成長與享受收成的崗位，常常是難令人理解的決定。這正正亦是連續創業型的企業家的必然之路，這樣才能夠不會被定型，珮珈的辭職可以是這一種形態的開端。可是作為一個過來人，只能安慰自己所經歷的所有的苦嘗起來也是甜的，不然的話就是「自作賤」。而珮珈又給我另外一個驚訝的消息，就是她所寫的這本書，而且未幾就將四章初稿傳送給我，細讀之下，發現珮珈對自身的發展有著非常細膩的觀察，就像過去有另一個人無時無刻在旁邊靜靜地陪伴著她，饒有趣味地層層疊疊的呈現出文章的段落，這種表現方式對剛剛畢業投入社會的年輕人，以至慣於在商場長袖善舞的前輩，我個人認為都非常適合閱讀。再者，以珮珈這麼年輕便開始進行爬格子的事工，將來不難會有更多的作品，讀者們可以拭目以待。

推薦序06

黃雅麗 《創業大時代》作者、初創公關顧問

誰說九十後的年輕人不能當家？梁珮珈才二十二歲就當上旅遊初創 KKday 的地區主管，還曾被外派到多個東南亞城市開拓市場，堪稱少女當家，萬夫莫敵。她的新書既是初創新手的指南，也是職業女性的心聲。我邀請你找個陽光明媚的假日下午，坐在具異國風情的露天茶座，呷一口咖啡，細味珮珈真摯活潑的文字，與她經歷一場如天旋地轉的初創旅程。

推薦序07

曾錦強　The Bees 創辦人及 CEO

與 Rebecca 初結緣，始於二零一六年的 TEDxKowloon，當時我是講者，而 Rebecca 是座上客，那一次我們無緣認識。

二零一八年，我在雜誌上看到關於 Rebecca 的訪問，很欣賞這個女孩子的積極主動。她毛遂自薦加入旅遊網站初創，拓展業務做得有聲有色，年紀輕輕已經成為區域主管，非常厲害。

後來我在專欄文章中提到她的故事，說明只要積極進取，有能力的年輕人，現在的上位機會可能比從前還要多，因為科技發展令行業創新更快更多，而且初創百花齊放，要聯絡心儀企業的話事人也容易得多。她看到文章後，在臉書上向我發訊息，多謝我的讚賞，我們就這樣認識了。

今年年初，我在網上看到 Rebecca 的文章，分享了她在初創工作的點滴，有辛酸，也有快樂。她的經歷不是一般上班族能體會到，作為一個創業七年的中年大叔，我也非常感動。由於她的故事很勵志，我便冒昧邀請她出席我的課堂，為我的學生做分享，一方面分享她在新媒體營銷方面的心得，另一方面，也分享她的個人故事。她的分享很有感染力，學生的評價也很高。

我們集團二零一八年底成立了一家出版社，當我知道 Rebecca 即將離開 KKday，並且想將她這四年的體驗寫下來，我便主動提出想成為她新書的出版社，並促成了這次合作。

每次跟她見面，我都驚嘆這個女孩不簡單，思想清晰敏捷，說話速度很快，我要很費勁才跟得上。她為人自信，處事成熟，即使管理比自己年長的下屬也游刃有餘。如果我是她的老闆，我會很放心將工作交托給她，然後甚麼也不管。我相信她日後無論做甚麼工作，打工或創業，都會很成功。

我很高興為 Rebecca 出版這本書，因為可以先睹為快，看她把自己的故事娓娓道來。從文章中，你會發現她很有計劃，為人生作出適切的部署。她有主見，不會跟大隊入大公司做 MT，卻在初創中磨劍，當事業漸上軌道的時候，又毅然離開舒適區，嘗試新的冒險旅程。

她積極主動，不會守株待兔等待機會。她不但毛遂自薦，還為面試做了很多準備，仔細分析公司狀況、創辦人背景、發展潛力等等，又將個人優點和職涯計劃配對，而且願意多想幾步，為業務發展提出新點子，過程中不但令自己重新檢視這份工作是否適合自己，也讓老闆留下深刻印象。

她的文章有現場感，讓你了解在初創工作是甚麼一回事。她不吝分享從工作中學到的一切，這可是她用青春歲月摸索得來，讀者可以通過文章，跟在她背後，體驗她走過的路，撿拾寶貴的智慧，將來一定會行少很多冤枉路。

這本書適合不同類型的讀者。如果你是想創辦或體驗初創的年輕人，無論是否已經投身進來，也可以與她同行，得到不少共鳴；如果你還不太清楚自己的方向，一定能從中得到一些啟發，讓你有更清晰的決定；即使像我那樣一把年紀的，也能從文字中體驗年輕人獨有的青春激情，勾起初踏職場時的回憶，緬懷青蔥歲月的苦與樂。

推薦序08
渾水　九十後人氣財經專欄作家

首先，靚女找我寫序，那是絕不能推拒，否則這是遭天譴的事，雄性的生物本能也不容許我 say no。Rebecca 是陽光正能量美少女，跟我這些半生熟、思想古怪負面的怪叔叔形成強烈對比。

寫序這一刻，Rebecca 正是休息狀態，離開了 KKday，去了個旅行寫書，嫲嫲仔咁。很多九十後朋友會令我擔心他們工作、前程，但這份擔心不會出現在她身上。她年輕，她強悍，不愁無公司落戶。如果我有錢，我都請她幫我打工，分埋股份又點話。現在她要考慮的是自立門戶打出一片天，還是繼續打工拼搏。我身邊的 VC 朋友已經不停叫我介紹她加盟其投資過的公司，高度讚揚她開拓海外市場的能力。

Rebecca 的能力是很罕有，一個她等於幾十個高薪老屁股。她年輕很 cheerful，有天生的領導能力，很容易跟後生仔女打成一片，而且可以突破常規。Startup 很講機動性和靈活，有別於一般僵化巨大的老化企業，她的能力在香港大企業會發揮不來，如果做個普通打工仔，是有志難伸，賺萬幾蚊。如此渡其一生，不如去博一鑊甘。

每一間 Startup 增長到一個規模時，都要想擴張海外。現在小弟的生意要落戶台灣，我才發現海外擴張是多麼難的一回事，Rebecca 真心勁，之後我應該要向她取取經。

年輕人需要的是機會，她文氣盡是青澀、靈動，令我這怪叔叔也回想自己都有過赤子之心。她是人才，香港如多點這類人，會更可愛。

我經常幫人新書寫序言，蜂鳥出版幫〈人在中環〉CK 出的那本新書我都有寫。向來寫序言離不開寫作者其人，或寫其書，鮮有人寫出版社。書序前夕香港正歷大是大非之秋，蜂鳥出版帶頭響應罷工抗爭，我很佩服這公司。我不認識蜂鳥的老闆，亦有不少出版社幫我出書，所以我不必拍他馬屁。率性而為，是為真人，我由衷從心底裡佩服。小弟現在都有近四十人跟我搵食，公司都響應了罷工，我知道背後道德勇氣的分量，殊不容易的。最後祝蜂鳥和 Rebecca 新書大賣，一紙風行。

推薦序09

廖國泰　新世界發展企業籌劃及人才發展總經理

好高興為 Rebecca 第一本書寫序，實在是我的榮幸。認識到這個有理想、有衝勁的年輕小伙子，使到我感覺到真正的後生可畏，明白到何謂長江後浪推前浪，自己也得好好反省！

認識 Rebecca 是在我公司一個培訓活動上，她被我同事邀請來分享如何在一間跨國初創當主管；怎樣用盡方法為公司擴展本地及海外市場；如何在面對著無限挑戰時，以青春無敵打不死的精神，一次又一次解決問題，成功為公司的發展奠下良好基礎。作為一個年輕少艾，又是她第一份工作，有此成績實在難能可貴，到底她是怎樣做到的呢？

從交談中可以略知她的性格，感到她是一個不畏懼、勇於面對新事物兼有幹勁的人。她不喜歡守舊，不喜歡依循固有的規範，反而喜歡創新冒險。這種性格對比起那些在大公司裏面，需要跟從規矩而不會用最直接解決事情方法的工作者，真的是兩個世界。

大公司的成功，在於擁有一定的市場份額，有比較成熟的運作，加上有更好的資源、市場網路和人才資本，因此有一套較有系統的管理方法和營運模式，從而達到經濟效益（Economies of Scale）。在這個情況之下，改變是相對困難的。

初創在有限甚至是缺乏資源和市場網絡的情況下之所以存活，往往在於創業者的決心，加上無限的堅忍和毅力，在市場上跌跌碰碰，很不容易才可以站穩腳步，和其他大大小小的競爭者比拼，希望可以突圍而出，殺出重圍，成為新一代的獨角獸。

Rebecca 充分展現出創業家精神，她追求的不是一份高薪厚職，而是一個可以把自身努力轉化成一個實踐生命意義與期望的機會。為了發揮自我，她付出了無限的拼勁和血汗，那種無比的堅持和毅力不可多得。我感到她內心有一團火，燃亮著她的生命，推動著她身心靈不斷進步，邁向自己的理想。

淺讀一趟這本新書已使我獲益良多，相信有空再慢嘗當中字裡行間，可以發掘出更多寶藏。書中那種正念、對生命的堅持，是每一個人在現今世代都應該擁有的。最深刻的就是 Rebecca 在書中提到「是 Majority /Minority 都不要緊，Mentality 才是最重要」，這個心態就是美好人生的起點！

推薦序10

盧永仁博士　太平紳士

Rebecca 那天跟我說，她要出書了，可否幫她寫篇序文，然後她沒等我回應便自己答道：「師父」幫「徒弟」是責無旁貸吧！這個就是我所認識的 Rebecca，做甚麼事情都充滿朝氣和自信心，而在她計劃中的，更不會輕易放棄！我想，這本《勇敢，就能擁抱世界》也就是這樣誕生吧！

認識 Rebecca 其實時間不長。事緣有天我忽發奇想，在 LinkedIn 寫了一個段子，主要說到在這個資訊發達的數碼年代，各行各業都會遇到不同的衝擊和挑戰，而我在廣結各方專才時 Rebecca 就出現了，她是我在三百多封私訊中「選出」會見的三十多名朋友之一，而且是最年輕的一位。我們第一次見面是在一個星期六的早上，本預計在半島酒店喝杯咖啡聊聊，應該一小時足夠了吧，結果一談卻是兩個多小時。她告訴我在大學時已開始創業的經驗，和怎麼為 KKday 在東南亞的市場發展從無到有，當然我們還談到她一些失敗的經驗，和討論了在初創公司成長過程中碰到的障礙。Rebecca問我可否做她的mentor，我不假思索便應承，主要是在她的身上我看到了年輕時的自己，和那顆勇於追求夢想的初心。我更看到在我面前的，是一個不只靠著個人聰敏，更能辛勤努力而又樂於接受挑戰、不怕失敗的年輕人！

「徒弟仔」Rebecca這本不是一本初創天書，更不是一本讀了便能找到成功捷徑的打工手冊，但我由衷希望更相信讀過這書的年輕人，都能感受到作者對工作、學習和追求卓越的那股熱情！這也不只是一本只為年輕人而寫的書，如我上面談到，我深信年長的你將會跟我一樣，在讀書的過程中，同樣會被感染，甚至找回初心，在往後的日子做一個更好的自己。

推薦序11

蔡文宜（Gina Tsai） Airbnb 香港暨台灣公共政策總監

認識 Rebecca 是二零一八年六月在香港的演講活動，當時的我，雖然加入 Airbnb 已兩年，但對於自己是公司亞太區屈指可數逾四十歲的「老人」之一深感挫折。當時公司員工平均年齡只有二十多歲，多數未結婚，對於在跨國企業工作超過十五年、結婚近二十年且有兩個邁入青少年的孩子的我，感受到工作價值觀的差異與世代溝通障礙。年輕人茶餘飯後聊的是男女交往的酸甜苦辣、未來婚禮應在哪裡辦、下次出差到哪個國家、是否會多停留幾天去哪裡玩等輕鬆話題，我卻因為中年轉行，仍是旅遊產業的新手，每天到處拜訪不同旅宿想盡快融入，但不論去哪出差都想辦法盡快趕回家陪小孩，完全沒時間停留體驗當地的美好，或額外撥時間與不同工作夥伴建立感情，因此我跟來自不同國家的夥伴都沒有建立良好的信任關係。我更震驚於千禧世代的自我感覺良好，他們凡事須先讚美，做錯不能直接指正，讓我嚴重自我懷疑，認為自己與年輕人溝通有嚴重障礙。我不禁懷疑，當初想了很久才下決心離開服務十年的微軟，希望學習新產業知識與新職能，最後加入這家以服務九十後為主的初創公司，也許是個錯誤選擇。

內心天人交戰的我，在香港演講活動中遇到年紀輕輕即擔任 KKday 香港與東南亞區域總監且異常謙虛的 Rebecca。她親和力超強，相較於主持人更能適時替其他兩位講者補充說明，讓聽眾理解講者分享的經驗與故事。看她成熟且有技巧地回覆觀眾發問，會後又真心誠意一一感謝所有工作人員，很難不對年輕漂亮又有智慧的她留下深刻印象。會後相談甚歡的我們立刻互加臉書好友，保持聯絡。一年來在臉書中看她記錄了在東南亞開疆闢土的故事、帶領來自不同國家年輕團隊的心得分享，我對她高超的 EQ 與領導能力由衷佩服。Rebecca 讓我重新修正對於年輕人的看法——一樣都是九十後，也有像 Rebecca 這樣謙虛、對工作熱情投入、自我要求甚高、勇於挑戰未知，卻又學習經驗老到的專業人士。她有事先充分準備與反復沙盤推演各種可能狀況的良好工作習慣，以求有效與各國夥伴建立關係與信任，並自我設定很難達到的工作目標。看來之前認為溝通不良來自年齡或工作經驗差異，可能是錯誤的認知。我持續閱讀國內外有關溝通與領導類書籍以尋找問題癥結時，有一天 Rebecca 在臉書分享她帶領東南亞團隊在某個專案上碰到的溝通問題的自我反思，讓我領悟到才二十四歲但深具同理心更擅於溝通的她，面對年輕且來自不同國家的同事也一樣有溝通與領導挑戰，因此問題不在年齡差距，「如何在不同角色扮演時，能與不同價值觀的人溝通與共事」才是重點。

這個體悟讓我開始反思如何化解職場上的矛盾與隔閡。恰巧在 Airbnb 主管教育訓練課程中，人事主管帶領我們思考如何透過 Airbnb 核心文化「熱情好客（Be A Host）」來對待同事與部屬。為了迎接來自世界各地不同文化、年齡與喜好的客人，一個好的主人會用心傾聽客人需求，回應迅速但有耐心回答問題，並尊重每個客人的喜好，用心準備他們所需用品，讓來自五湖四海的客人有賓至如歸的感覺。在此教育訓練後，我持續內省且條列所有應改變的思考與溝通模式，同時花了 80% 時間在公司內部溝通，透過實驗找出一套能與不同年齡層及價值觀者建立互信的溝通模式，才逐漸重建與穩固與各部門同事間的信任。如果那一晚我沒有認識 Rebecca，就不會在臉書上看到她如何在錯誤中成長與學習的紀錄、遇到挫折仍能堅持勇氣的故事，在我最沮喪受挫的那幾個月就未必能轉念，也無法有今日的改變。在此由衷感謝 Rebecca 誠實面對自己且勇於公開自己的心路歷程，相信讀這本書的人都會跟我一樣受益良多。

本書特別推薦給九十後與八十前的讀者們：請看這本書中 Rebecca 不斷內省、挑戰自己、勇於奮戰的故事，會讓你找到未來努力的方向與指標、理解年輕世代的熱忱與夢想，並架起跨世代溝通的橋樑！

不論你是剛畢業正在尋找人生方向，或已邁入中年卻很茫然自己在職場的價值，看完這本書你會理解「全力追逐夢想的過程是很痛，但你必將收穫一個更好的自己」。

不管是細細品嚐或信手翻開這本書的任何一篇，Rebecca 勿忘初衷的努力、對所有協助過的人懷著感恩的心、未曾因挫敗而停止追求夢想的堅持，會讓你學習到簡單而有力的智慧，協助你在職場或人生的關卡上，關關難過，關關過！

推薦序 12

鍾振傑 Secret Tour Hong Kong 及 Breakup Tours 負責人

搞 startup 好像一個光環。身邊圍著好多人，FB status 好多 like，好多掌聲。但每個真正落手落腳做 startup 的人，一定是孤獨的。

孤獨，是因為大多數人只看到社交媒體上表面的意氣風發，而看不到每天做錯的挫敗感和對產品成功與否的焦慮不安。掌聲很多，明白的人，沒有幾個。

孤獨，因為無論身邊的人如何稱讚你，你都永遠不會知道自己是否做得夠好。搞 startup 不是賽跑，沒有終點，沒有跑道，跑東定西，跑快定慢，自己決定，同時後果自負。

孤獨，是因為做決定的只有你。你就是成盤生意最後的 gatekeeper。無論前輩、旁人給你甚麼意見，都不會比你更明白你的意念應如何實踐，而最後負責的都是你一個人。

孤獨，尤其當你比同齡的人已經成就得更多，走得更遠。別人看來很成功，但那份站得高的不安感，你明白嗎？

拿起這本書，和 Rebecca 一起孤獨。

推薦序 13

Joven Mak Professional Coach、*CosmoGIRL!* 雜誌前副出版人／總編輯

不得不承認，我是外貌協會的永久榮譽會員，對 Rebecca 這位小妹妹留有印象，最初還不過是她那乖巧的外表和燦爛的笑容。那個時候，她還是 freshman，和同學仔參加了 *CosmoGIRL!* 雜誌的年度大學生職場實戰比賽，我是該雜誌的總編輯，亦是比賽評判之一。

期後，我們斷斷續續都有來往，知道小妹妹在 Year 2 跟另一位同學創業，搞起網上 marketing agency 和 HR platform。

幾年後，小妹妹來電說要約我去「飲嘢」，地點在 SOHO 一酒吧。

吓！小妹妹原來已經長大成人了。

眼前的「小妹妹」依然活潑可愛，帶著幾分稚氣的笑容，遞上卡片：KKday 香港及東南亞區域總監！！！

嘩。那個晚上，我們聊了很多：一個廿幾歲的小女生被跨國初創委以重任、執掌並開拓新業務的心情和挑戰、如何好好跟年紀比她大的員工相處、怎樣 motivate 跟自己年紀相若的 millennials、關於選擇自己的人生和未來、對香港的意見……

「小妹妹」，不，Rebecca 的確長大了很多，精靈開朗依舊，眼神和語調卻充滿著百分百的自信和熱誠。相信每個人年輕青澀時，都抱怨過社會，討厭過教育制度，被家長、親朋戚友的價值觀迫得窒息，然而，你有勇氣和自信像 Rebecca 一樣，膽粗粗地逆向往前探索嗎？

過自己喜歡的人生，需要有對行為負責的霸氣、赤裸地面對自己的氣度。

正當我還以為「小妹妹」會繼續以她區域總監身分晉身閃令令的「Top Female Entrepreneur under 30」之類的行列，Rebecca 原來已經離職，尋找更激更辣的新挑戰。

自序

感謝促成這書誕生的 KK 跟蜂鳥出版，一圓我的作家夢，在人生清單上劃上一個新剔號。

大學時遇上一個不擅辭令的男孩，懵懂時期總有很多不著邊際的妄語。

他問我：「你讀文科，『我的志願』是不是只可當作家啊？」

我不以為然地說：「作家也好像不錯啊，我小時候真的想過。」

「現在還有人看書嗎？當心書賣不出去要虧大本啊。」

「世界之大，總會遇上惜字的知音吧。又或者，我死後書就會值錢了。」

那時的戲言沒放在心上，也沒從此好好執筆練字，直到在那些工作的孤單夜裡，餘下紙筆作伴，寫下潦草的成長足印。那一瞬間發現，文字的美，在於字裡行間的溫度及當下的真情實感。

記憶很美好，但記性不太好，還望此書可以留下二十幾歲立體的我。

我是香港土生土長的平凡女生，沒父幹，屋邨學校長大，是老師眼中的調皮學生。跟大部分九十年代出生的年輕人一樣，成長都是懵懂而又不知所措，但一份「對世界與未知的好奇」，給了我一張坐火箭的門票。

從二十歲創業開始，人生恍似按了「Fast forward」按鈕，不論是閱歷或職涯都以三倍速前進：創業兩次，其後加入旅遊初創成為海外第一號員工，肩負起開拓海外市場任務，二十二歲當上香港區最高領導人，二十三歲躍升為東南亞區域總監，管理超過五十人的跨國團隊。無心插柳柳成蔭，「菜鳥主管」的履歷吸引到兩岸媒體的目光，並受國內外的初創、各式論壇、大學青睞，獲邀成為客席講師跟嘉賓，向世界分享這段如《愛麗絲夢遊仙境》的旅程。其實，驅動火箭前進的燃料，除了敢於選擇的勇氣，還有全力以赴的力氣。

走得太快時，很多思緒跟感受都沒法跟得上，如果不寫下來，以後的我一定將這段旅程間的感覺跟想法淡忘。交書稿的時間，正是我剛離職沉澱的「休漁期」。本以為自己會浪跡天涯，執起背包享受人生，但我卻掉入「青年危機」的黑洞——失眠、自我懷疑、被強迫症折磨、思緒雜亂無章，但我感謝這個低潮期，讓我在那些散落四周的筆記中回溯這幾年的我，重拾步履。希望你也跟我一樣，可以在這些散碎的片段跟文字中找回自己的初衷、熱情、價值跟學過的事，成為再踏上旅程的養分。

在規劃此書的主題時，我跟出版社和身邊的人商討了好一段時間。這不是一本商業工具書，也不算是一本心靈雞湯，只是一個沒有任何天賦、只有勇氣跟力氣的少年，每日在初創、海外工作及當主管的痛苦掙扎中的學習筆記。

如果你是剛出社會的新鮮人，希望你讀畢此書後，可以找到對未來全力以赴的勇氣。謹記不要在該吃苦的年紀選擇安逸，將來的你，一定會感謝現在拼命的自己。

如果你對初創或海外工作有興趣，我想以過來人身分先給你忠告：兩者都不會如你想像中美好。倘若你仍有闖關的勇氣，請做好心理準備，衝破人生的舒適圈，在不安的路上繼續優雅前行。

如果你是剛當主管、創業中或準備創業的人，我想跟你說，辛苦了，我懂你的不容易。希望你在夜闌人靜讀到此書時，也得到一些療癒跟前進的勇氣——面對再大的難關，你也沒有你想像中孤單。

如果你想多了解千禧世代的想法的話，感謝你有傾聽的勇氣。也許我們對工作的看法或做法未必一致，但我想讓你知道，我們這代人，不全然是社會口中好食懶做的「廢青」，希望此書可以成為一個橋樑，讓你也踏出一步，從更多角度去讀懂我們。

感激這些年在路上無私地幫助過、指導過或鞭策過我，現在還幫我寫推薦序的前輩們；感謝我的伯樂——KKday 創辦人 Ming；感謝一路跟我走過跟信任我的同伴跟團隊，還有那些在我懷疑自己時會來肯定我的摯友，以及支持我的家人。最後要感謝過去那個願意一直硬著頭皮走下去的自己，促成此作，以及今天的梁珮珈。

前言　一切由勇氣開始

因為怕悶，所以創業

Steve Jobs 講過這樣的話：「你無法預先把現在所發生的點點滴滴串聯起來，只有在未來回看時，你才會明白它們是如何串在一起。所以你現在必須相信，眼前現在發生的點點滴滴，將來多少都會連結在一起。你得去相信，相信直覺也好，命運也好，生命也好，都會成為你人生一部分。」

中學的我活躍於各種課外活動，因為我貪玩怕悶，對所有事情充滿好奇，不甘於無聊的學習，參加過社劇、合唱團、健康生活學會、啦啦隊、學生會等等，心態純粹是一試無妨。

除了貪玩，我從小也有「不怕輸」和「挺身而進」的勇氣。明明缺乏運動細胞卻硬著頭皮去跑 1500 米；明明不會打籃球，卻做班代表參加班際籃球比賽。當年籃球比賽沒有同學參加，但校方不允許棄權，最後我們一群全班最矮小的女同學就上場跟鄰班代表（她們整整比我們高一個頭）對壘，輸0:28的「英勇事跡」到現在還會被朋友拿來取笑。

過了多姿多彩的中學生活，上大學後反而對所有「上莊」、「學會」完全沒有興趣，因為可以做的其他事實在太多，其中對我最大影響是參加校外的營銷比賽。商業公司辦這種比賽，目的是給學生機會，將一些品牌構想由計劃書開始，到最後落實宣傳活動，整個過程運用創意去實戰。第一次真正接觸商業跟營銷，開啟我對這方面的興趣之門。比賽完了，我便跟夥伴討論，倒不如真的創業，成立自己的營銷公司？

選擇創業大概是覺得彈性比較大，而且自己的機會成本也很低。就這樣，我們抱著「無懼」、「不怕輸」的心態，開了第一家營銷公司，大二那年開始接生意。當時知道自己最有價值的地方是學生網絡，所以業務重點放在為中小企提供打入學生市場的行銷方案，從「洗樓」派文宣、學校貼海報、聯絡學生組織辦活動，到大學迎新活動品牌置入贊助，甚至幫餐飲業賣飯盒賺差價也做過。

在同學們忙著辦迎新活動時，我跟夥伴焦頭爛額地趕計劃書忙簡報。想起當時只有二十一歲，我就要在商場辦一個為期半個月的售票鬼屋活動，從場地佈置、劇本、選角跟訓練、售票宣傳、危機管理統統都要做起來。當時為了節省預算，連倒石灰水、鋪泥、拆木也親身上陣，連我自己也回想不了，當時是怎樣硬著頭皮豁出去的。

就這樣，因為當初怕悶，開始了我的創業之旅。

踏入初創的無盡旅途

因為創業了，讓我有不同機會認識更多的人。當時有個客戶老闆，一直鼓勵我們去了解「初創」（Startup）。

後來發現初創的確挺有趣，由0到1，創造出一些改變慣性常態，又可以解決問題的項目。於是，我們開始第二次創業，嘗試在身邊找出問題跟需求。我們建立了一個大學生求職平台，整個項目由構想到執行出來，都是一邊問一邊自學。看到一個痛點，再去尋求方法，到一手一腳去建立產品和擴大成長，過程既實在又有趣。當時的我，可以一天廿四小時都想著這件事。

最後因為一些技術性原因，這個項目沒有再繼續，但卻是很寶貴的經驗。我也因此了解自己興趣所在，決定畢業後找一家初創公司。當時初創公司的招聘平台不多，所以要自己上網搜尋資料，也就是這樣，我誤打誤撞走入了在台灣起家的旅遊初創KKday。

當時我應徵的位置是「東南亞商務拓展」，其實我沒有這方面的經驗，但也抱著一試無妨、邊做邊學的心態。因為有市場行銷經驗，他們很快就問我要不要試試香港行銷的職位。想不到懵懵懂懂去面試，即日就拿到聘書，隔一週就出發去台北辦公室。那時候網上資料有限，家人還擔心我會被騙，我卻充滿期待地向未知和新挑戰出發。

抵台第一天拿著笨重的行李箱跑六層樓梯、上班第一天就遇上地震、每天學習新鮮又有趣的事物、當了一天客服跟營運單位就已經找藉口逃跑、拉著大家一起討論品牌的模樣、要為旅客們做甚麼事……

在台北逗留了個多月，我帶著這個很喜歡的品牌回到我最熟悉的地方，為公司開設香港辦公室。一開始大家都聽不懂我在做甚麼，不過沒關係，我找了一些好朋友來湊個臨時團隊，開始測試市場。我開始學習不同的線上線下行銷管道、學習下廣告看數字，還要研究用戶旅程（user journey）、剪片畫圖跟寫文章、資料搜集、寫計劃案跟找合作夥伴。那時候一天二百小時也不夠用，有時為了加快步伐，更會在臨時辦公室睡好幾晚。

沒知名度的企業要找外部合作是件苦差，得花上兩倍時間去研究對方，了解對方的痛點跟潛在商機，再在計劃書寫上不同規模的合作方案。記得當時一間很有名的旅遊媒體總經理說很欣賞我的用心跟誠意，所以願意合作。這個鼓勵對當時的黃毛丫頭很深刻：原來多做功課多用心，別人是看得出來的。縱使路程中也曾經受羞辱、被看低、被欺負，但我倔強又不服輸的個性，提醒自己一定要付出兩倍的努力，拼出讓人滿意的成績。

多虧當時願意一起拼搏的伙伴，陪著我走過很多不同的里程碑。那個時候大家每天都躲在會議室討論要怎樣把流量提升、怎樣把產品賣出去，又或者一天內把促銷活動上線，偶爾也會被無理的冤案抹黑搞上門，還有一次大意到在應酬活動時夾破指甲，立即送往急症室，但這些好的壞的，都撐過去了。

第一年我幾乎每晚都失眠，又或是發夢也在安排工作，但卻充滿熱情、活力跟衝勁。崩潰了好多個晚上，那時放在口袋的話是：「不加油也沒關係，因為你已經很努力了。」

跨國旅程，學當主管

第二年，我獲派新的任務，把這個我又愛又恨的品牌帶到更多地方——東南亞。這個市場充滿吸引力，我也覺得這樣的經驗好難得，但我對這些市場不甚了解，一直懷疑自己有沒有辦法做好。當時推動著我的，是這句話：「如果有人給你一個火箭上的座位，不要問位置在哪裡，上火箭就對了。」

要在舉目無親的地方從0到1，一開始的外派生活已經充滿挑戰性，生活習慣跟言語不通令我很氣餒。那時候帶著團隊，大家工作文化很不一樣，相處間生了不少悶氣，最後我學會嘗試理解跟尊重對方，並在不同的語言下達到「有效溝通」。

其實開拓市場好有趣，要跳出很多框架跟包袱，還要靈活和開放。而且，這段日子我更加習慣獨處和認識自己。這一年寫的日記，大多數篇幅都是提醒著自己要勇敢，又或是為自己打氣：「別羨慕別人有雙能飛的翅膀，卻沒看見他肩上承擔了多少重量」。

除了開拓新市場，還要兼顧香港的成長。我不斷思考，到底還有哪些機會點、有哪些未做過的事、在充滿競爭下要怎麼脫穎而出？我也經歷了一次大失誤，害公司賠了錢，讓我自責了好久，我這才意識到自己有多接受不了犯錯，我的完美主義有多狂。

第三年，我開始學習更多有關「主管」的身分的事，除了業績、團隊要一直成長，還要思考很多有的沒的問題，包括長遠規劃、數據分析、看財務報表、建立流程等等。

從四人團隊，轉眼管理四十人，而且來自七個國家，還要遙距管理。這一年每天都在思考如何領導。沒有人教我怎樣當主管，而我很希望團隊成員離開時都帶著一份漂亮的成績表，這句話一直放在我心裡，所以總是擔心大家學習跟成長空間及機會不夠。很多時候當處理到人的問題，我都把責任放在自己身上，一直覺得自己做得不夠好。後來我明白到主管這個角色，不論怎麼做也一定吃力不討好，唯一可以做的是盡力而為。

隨著品牌逐漸被人認識，我獲邀出席了很多演講和訪問，甚至在國際舞台上分享這個急速成長的故事。我一直以來也沒有想過要走多遠，只想對自己的人生負責。「你必須非常努力，才能看起來毫不費力。」過程很痛，但請相信你將收穫一個更好的自己。

我的這段旅程，所有經驗跟機會都出於自己不怕開荒的勇氣、對未知的好奇心，以及不怕踏出舒適圈，本著不怕輸的心態，無所畏懼地去迎接挑戰。我沒想太多結果，或者怕不怕失敗。我把失敗定義成「不敢嘗試想做的事」，而不是「沒有達到好結果」。

不要小看眼前發生的點滴，要相信這些事對未來都有意義。從前跟現在，我都沒有想過未來要走多遠，但堅持對自己不設限，世界就在我的面前。

勇敢不是天不怕地不怕，而是明知前面盡是挑戰，都願意忠於內心，踏出一步，全力以赴地走到自己想要的目的地。只要你願意，沿途的風景跟經歷一定不會令你失望。

01 第一份工教我的事

一生人可以有很多份工作，但第一份工作的體驗只有一次，過程中或會碰壁，但這些點滴跟經歷都會像種子，在以後的日子結為甘甜的果實。初出社會的我們都要相信，對未來要有全力以赴的勇氣，才能換來擁有世界的本錢。

把你的初衷寫下來

有時候，打開自己當日面試的履歷表，還是會被當初的熱誠跟憧憬感動到。

每個剛離開學校的畢業生，都可能對未來有一點憧憬。在那個仍然是一張白紙的時候，希望自己可以憑著努力打拼，將來在工作生涯完成一些目標。如果當初沒有把這些職涯目標記下來，我肯定現在的自己會忘了當初最青澀的期待。

那時候準備面試，我把自己的職涯期望、對職位的理解，以及自己對公司可作的貢獻都寫下來。三年後，我其實已經忘記了這份履歷，幸虧有看過的同事提起，才得以再看一遍：原來我把自己提出的目標都超額完成了！回顧當初給自己的職涯目標，即使沒有一直記在心裡，但原來在過程中也有默默堅持：

1．讓我一直學習

當初純粹想學習數位行銷，以及想知道一家公司如何運作。三年過後，我想我學到的不僅於此，不論是數位行銷的管道或管理，還是一家企業不同的軟硬實力我都了解到，還有培養出成長型思維（Growth Mindset），即是透過把自己推出熟悉的舒適圈，從而面對挑戰、克服困難、學習新事物——有說大腦的神經元就會開始形成新的更強的連結，培養並發展學習及解決問題的能力。

2．能把興趣當成工作

當初因為喜歡旅行，所以找了一份跟旅行有關的工作，期待自己可以寓工作於遊樂。能把興趣變成工作，大部分時間都在做跟旅行相關的事，讓工作變得比較有趣，而且慢慢了解到這個行業從未想過的面貌。（當然，後來這也成為我職業病的源頭：即使壓力大得想喘一喘氣，已發現旅行再沒有療癒作用了。）

3．讓我發揮才能

當初希望透過一份工作去充分發揮自己所長，讓自己的才能得以應用，同時也期待工作的內容可以發掘到我的潛在技能，解鎖新的成就。

不是在初創工作的話，你真的想像不了自己的極限在哪裡，不知自己的小宇宙有多浩瀚，可承受的壓力有多重，潛能可以有多出其不意。我發現自己可以真正「一打十」，一個人做十個人的工作（對，請我很划算，如果時計的話，CP值超標）。在初創，所有事情都要 self-motivated，自己落手去嘗試去探索，同時可以獨立在海外工作，在沒人監視的情況下仍繼續自動自覺，因為遇到問題時，沒人可以即時給你援助，所以你一定要勇敢冷靜面對，自己解決。

4．發現自己弱點及改善

在工作中，你沒法一直只做自己想做的事，或是擅長的事，所以把不擅長的事做好，才是成長。這能讓你看到自己有多渺小、有多少事情你是辦不到、有多少事情你是不認識。

我最大的弱點一直是行政工作跟數字，但工作數年，現在的我可以大言不慚地說，我也慢慢克服了，還會分析數據，會做預算，用數字說話。

5．建立個人的成績表

「你找到你在這裡的代表作了嗎？」在氣餒跟迷失的時候，要一直提醒自己，你要在工作中找到一份成就感，才能堅持下去。願意走出舒適圈，一直接受挑戰，才可以完成更多任務，達成更多目標。雖然也有好多目標還未達成，不過至少我可以說我交出了一份很漂亮的成績單。

如果你在工作上遇到挫折，你可以再把當初的履歷表拿出來看看，想一下初衷，想一下當日你希望在工作上得到的事情。你要提醒自己「難過的關口請你記住原委」。當日初出茅廬的職涯目標雖然天真，但很真實，無論選擇繼續留在原地，或是找下一份工作，也要看到當初的堅持吧。

怎樣看待面試，決定你的高度

我問老闆：「你還記得我們當初進來的面試表現嗎？」

老闆說：「記得，你的面試最深刻，當初看到你這個天不怕地不怕的小女生，簡直覺得驚訝！」

當初收到面試邀請的時候，我在想如何好好抓緊這個機會，用短短時間去表達自己的想法跟熱情，又怎樣可以成為一個值得被聘請的員工。一般的自我介紹，大家都倒背如流，但要在各應徵者中突圍而出並不容易，而我們看待面試的態度，正透露著我們有多想得到這份工作。

面試前，我會先了解有關初創公司的創辦人背景、發展狀況、新聞曝光、成長潛力，然後是產業分析，認真了解一下這個產業的空間跟潛力，再來，我便會就這間公司進行SWOT 分析（Strengths、Weaknesses、Opportunities 跟 Threats）。當然，我也會細閱面試職位的職位簡介（Job Description），看看他們的要求跟自己的經驗可以連上嗎？這個時間，就可以重新檢視自己的優缺點以及個人職涯目標，最後準備一份簡報（Presentation Deck）。

要準備簡報，是因為我在 KKday 是視像面試，擔心有些字詞沒法表達好（加上當時是用半桶水的國語，擔心面試官如果只聚焦在自己的表情就會很容易放空，心想如果有些東西給他們看著，表達過程會比較好）。

我的簡報分為四個部分，包括自我介紹、自己可以發揮跟效力的地方、行業和公司研究，以及最後的建議部分。

1．自我介紹

這部分先是基本個人背景，然後是自己的優缺點和性格，最後是職涯目標。能夠清楚介紹自己，令對方認識你是首要任務。將自己的優缺點表達，可以令面試官在考量時更加全面，即使是缺點也可以坦白相告，至少能令面試官做好期望管理。

2．職位配對

這部分可以表達自己對該職位的了解，例如職位的工作性質、在企業內的角色、職責的目標，以及日常要執行的任務，然後點對點地連上自己勝任的原因、看法及經驗。

3．企業研究

對面試企業進行研究，包括行業潛力、SWOT分析、目標客戶的行為習慣跟喜好，以及跟競爭對手的比較。由於我面試的是旅遊初創，當時我把香港旅遊業的數據、用戶習性，甚至淡旺季分析都有放進去，最重要是好好表達該初創進入市場的空間跟價值。這個市場有沒有潛力，就是他們考量要不要聘請我的重要原因。

4．建議

最後是一些對企業的建議。由於我面試的是行銷職位，所以我想了三至五個行銷點子，包含長遠的、短期的、線上的、線下的，以及一個在緊絀資源下也可以完成的活動構思。此外，我也加上一些用戶角度的反饋，除了表達自己有真實使用過公司的產品，還能以「變得更好」的角度來給予中肯意見。

這樣子準備面試，不只是表達對面試官或公司的誠意，更是對自己負責。這是一個了解自己的過程，並思考自己跟這個職位是否真的適合。在以後迷失時重新檢視這份履歷表，也可以提醒自己初衷何在。

要走的路，只有自己可以決定

小時候我們急著長大，長大後卻想變回小孩。關於成長這件事，我常常都覺得很惆悵，不過也想提醒自己：「就成長而已，不要怕。」

大學去了芬蘭跟英國交流時發現，同學們都比我年紀大得多，甚至很多已成家立室，心裡面確實好奇，為甚麼他們一把年紀還在求學階段？漸漸地，我從他們身上發現，他們來大學的確是求學問，知道自己想要甚麼才來唸書，而不像我只是為了一張畢業證書，亦即是所謂的社會入場券而來。

在香港，如果二十多歲還未畢業，會受到很多社會壓力，例如公司人事部會問你為甚麼讀了這麼多年書？從小到大，我們都跟著社會的要求走，從牙牙學語地上幼兒班、小學、中學再去大學，仿佛每一條路都定好了，我們跟著走就對了。而且很諷刺地，長輩們老師們都很喜歡代你去想像你的未來，啊你長大後一定適合做甚麼職業云云，久而久之，在耳濡目染下你也以為自己很適合這樣走，但其實他們不是你，他們沒法去決定你的人生。

我，就是一個典型的填鴨制度產品。從小被灌輸要努力讀書上大學，人生才能吃少點苦，仿佛大學畢業就是一個成功指標。就這樣，我過五關斬六將去到大學選科階段，那個時候其實不過十八歲，對社會哪有這麼多想像，哪有這麼多了解？怎懂得想像到自己「應該」如何為將來安排？那個時候我連社會科學是甚麼也不曉得，更莫說出來以後要做甚麼職業，但糊裡糊塗地填上了選科志願，幾年後獲得了社會科學學士學位。

誰知畢業才是惡夢的開始。此刻，再沒有人告訴你下一步該怎樣走。起初我也很焦慮，我應該找甚麼工作？為薪水還是興趣？我更開始問自己，究竟希望成為怎樣的人？究竟夢想是甚麼？究竟人生要怎樣過？十年後的我應該要怎樣？要達到甚麼程度我才會覺得滿足？怎樣才算得上成功？這堆想不通的問號，答案一直改變。沒法抓住結論的感覺好空虛，也很不安，很迷茫。最後發現這些問題不只在畢業時出現，而是老是常出現。

也許習慣了別人的督促，一下子沒了，我們便迷失了。不安源於對未知的恐懼，決定權終於來到自己手裡，卻不曉得哪條才是該走的路或想走的路。你怕跌倒，也怕迷失，怕那條路不好走，也怕那條路去不到終點。

後來看了一本書，抄下了這句話：

「沒有甚麼路是白走的，沒有甚麼事是白做的，生命中每一段插曲都有其存在意義，只要還有前進的動力，我們就應該勇敢走出去。」

抄下是想提醒自己，走怎樣的路也不要緊，終點在哪也不要緊，因為經歷是拿不走的，這是每個人都不一樣、每個人都獨一無二的原因。

關於成長或是要走的路，我沒法寫到結論，因為到今時今日我也未找到答案，又或是答案一直在變。我只希望十年後的我，會好好感謝現在努力中的自己，沒有白過這重要又匆匆流逝的時光。

做 Majority 或 Minority 都好，Mentality 才是最重要

在香港生活、長大的我們，大概都被灌輸過這樣的人生節奏：小學升中學，中學升大學，大學出來找份安穩的工作，然後結婚成家，生兒育女。如果期間可以儲錢買樓，偶爾跟朋友喝酒消遣聚會，放假走一兩趟旅行，大概就可躋身成為「人生勝利組」。

你喜歡音樂嗎？喜歡藝術嗎？但「這些可以當飯吃嗎」？就算有一個人叫李雲迪，老師跟長輩都只會跟你說那是「特別例子」；熱愛運動嗎？曾經是校園運動健將嗎？那麼「去投考紀律部隊吧」，因為在體能考核試有優勢，可以順利拿到「鐵飯碗」。

我們渴望與眾不同，卻又怕自己跟別人太不一樣，害怕成為「異類」。當你選擇了不同的路，別人的指點跟閒言，以及內心的不踏實和不肯定感，會成為你的負擔跟壓力。

大學最後一年，沒有報考各大公司 MT（Management Trainee），也沒有報考公務員

考試的我，就是別人眼中的「小眾」。那時候大家也問，你為甚麼不先報名，拿個保險或後備，多給自己一個選擇？可是我覺得，如果知道自己即使考上了也會放棄，那為甚麼要浪費自己和對方的時間？

在我眼中，選哪條路不重要，Majority 還是 Minority 都好，畢竟 Mentality 才是最重要。沒有人可以肯定，成為大眾就是贏家，做小眾就是輸家。真正可以決定「成敗」的，是你個人的心態，包括你對自己的要求、對事情的執著和重視。

回想小學升中放榜時，總有人去了人人稱羨的 Band 1 名校，也有人去了 Band 2 的地區中學。那時老師說，現在進哪間中學都不重要，因為決勝擂台是中五會考。

小學的我讀書明明不太差，卻沒有考進心儀的名校，哭了一個晚上後，媽就來安慰我：「你想當名校的最後一名，還是地區中學的第一名？」後來，我當然沒有考過第一名，但卻慶幸這個環境迫使我更用功，更不能鬆懈，最後才僥倖進入大學。

我想講的是，即使你進入了大公司或主流世界，如果你沒有付出努力，沒有自我要求，一樣會被淘汰；選擇當小眾的，也可以憑努力拼到出頭天。只有自己的態度才是決定結果的關鍵，而出來社會以後，再也沒有甚麼決勝擂台。我們要比較的就只有自己。

第一天上班的我

人生第一天上班，每個人只會經歷一次。你還記得自己的第一次是怎樣嗎？

由收到聘書開始到準備上班，心情大概是又期待又怕受傷害。對人生新一頁有憧憬，卻又想像未來幾十年可能要千篇一律地過，不能再跟校園生活時一樣揮霍，深感不捨。那時腦海閃過好多畫面：到底自己會成為一個穿梭於中環金鐘，坐擁無敵海景的專業人士，還是成為在爾虞我詐的辦公室裡吃盡苦頭的小嘍囉？到底同事們會是怎樣的呢，像《愛．回家》的友愛環境還是《延禧攻略》的勾心鬥角？

大概因為沒有經歷過，一切都是道聽塗說，所以有無限的想像空間。

正式上班前幾日，我已經開始思考第一天到底要穿甚麼。說到衣著，一定要分享一下當年在一家公關公司當實習生的糗事。我從小到大都少買裙子，特別是那種絲質、喱士、連身裙的少女味打扮，完全不是我杯茶，所以面試那天，我把唯一的格仔襯衫（還要是紅黑色，算是那時我衣櫥裡比較正式的上衣」）配黑色長褲，結果當然是嚇倒高貴大方的面試官。

她雖然滿意我的面試表現，但「溫馨提醒」我上班不能穿得這麼「型格」，畢竟當公關還是要大方得體，上大場面云云……啊！還有要塗點口紅。那次以後，我的衣櫥多了十條只穿過一兩次的連身裙、西裝外套和高跟鞋，所有絲質、喱士上衣和半身傘裙都是那時才開始入手，還有千奇百趣的基本化妝用品。後來，這個面試官很滿意我的大改造，還取笑我終於「變回」女孩子。

吸取教訓的我，在第一份正職正式上班前，還是先去購物，找幾條「成熟大方」的裙子，還少不了那雙裸色小高跟鞋，希望自己看起來比較得體。出門前還要略施脂粉，對著鏡子說：「嗯，要長大了。」（當然一週以後，我就立刻打回原形，畢竟我是喜愛盤腳坐或坐在地上工作的野人，而且初創公司的人都穿很順便，所以我就開開心心穿著短褲球鞋上班，沒有洗頭的日子就帶上鴨舌帽，懶得連防曬也不塗，直接出門去。）

第一天報到時間是早上十時，為了留個好印象，我提醒自己九時半要到達，但又怕塞車或迷路，即使只有十分鐘車程，還是早了一個多小時就出門。

到達公司前，我還先喝個黑咖啡，吃飽早餐擦乾淨，才走進去跟接待處說：「你好，我是來報到的新人。」獲發一台電腦後，還未來得及安裝，便很快有人跟你介紹一下公司，然後被拉去開會了（剛好週一有行銷早會）。當時房內的幾個人還很客氣地說了一下歡迎詞，很高興有你加入甚麼的，再很快介紹了自己的崗位。我當然是一頭霧水，看著他們開始會議，講一大堆聽不懂的術語，報告完討論完，會議完結後就帶著黑人問號出去跟其他部門互相認識。

第一天上班的我，就一直被牽著跟不同人用半咸不淡的國語作自我介紹，嘗試記著他們每個人的名字，又拿筆記本嘗試把所有事情寫下來。當時對所有事物都覺得新奇有趣，又立即去Google他們講的內容，甚麼SEO、SEM、GA等等，恨不得盡快上手，大展拳腳。

時間過得很快，整天帶著空白的腦袋和笑到僵硬的臉容，吃過午餐，就突然下班了。

所有的青澀跟忐忑，大概人生只有經歷一次。幻想過很多的畫面未必一定出現，但還是值得用紙筆記下學習到的內容，在以後反復思考、接收跟消化。你給別人留下的第一印象，會被記在心裡。

「老闆」應該長怎樣？

有沒有想過，「老闆」應該是怎樣的？有威嚴？嚴肅？刻板？令人肅然起敬？而現實中的老闆，又跟你心目中的有甚麼不一樣？

世界上沒有課堂教人如何當老闆，也沒有老闆的形象指南，但一般聽起來，老闆都是一個討人厭的狠角色，絕對是電視電影橋段的壞人或惡魔。無他，大家立場不一樣，看事情的角度不同，才會有這麼極端的印象。

我是一個挑老闆的人，因為一家公司的老闆，是決定公司文化跟成敗的關鍵。我從來不期待老闆會是一個好人或 Yes man，因為我需要的不是一個好人角色（不過我會在意他是不是一個有品格的人）；我也不期待他完美，因為每個人都有他擅長跟不擅長的事情，但是我希望我跟隨的這個老闆，是一個值得學習的榜樣。選對老闆，就大概決定了接下來學習的格局、處事的思維。

我曾經幾次拒絕挖角邀請，也是因為不喜歡老闆的緣故，即使對方願意給雙倍薪水，但我卻肯定眼前此人不會是我的伯樂，又或者在他身上看不到我想追隨或學習的特質。

在職場久了，你會漸漸發現，不同年代或不同公司規模的員工，對於老闆也有不同的看法。七、八十年代出生的人，又或是在大公司生存的人，對老闆都是比較敬畏的，老闆說甚麼都是王道真理，即使心裡不認同，還是會跟著做，畢竟公司是他的。大部分人跟老闆有一種距離感，如果要跟老闆吃飯一定會避之則吉，甚至害怕跟老闆處於同一空間之中。

可能我比較反叛，我常常希望理解事情背後的目的，想不通的時候，我還會跑去尋根究底，希望知道自己處事的盲點，並了解老闆的視野和邏輯。才剛上班兩星期，我就嘗試去了解整個公司的商業邏輯，但問了幾個同事都好像有不同答案，所以我就按照「我理解的」和「有可能的」，畫了三個圖，直接跑去問老闆：

「欸，我們是做 Amazon、Walmart 還是淘寶啊？」

「我知道公司本質是賺錢，要更多利潤，如果這三個方法也可以達到的話，你希望是哪個？」

「我們的品牌價值是甚麼啊？」

「除了賺錢，你有甚麼想我做的？」

那時的我就像一個每事問的小孩，遇著這樣難搞的角色，老闆必然會頭痛，但我的目的，只是為了更有效地完成老闆交代的任務，而且，這些答案除了使我更容易摸索跟想像要完成的使命，並付諸實行之外，還減少因為揣摩老闆心思錯誤的溝通和營運成本。那次，老闆耐心地解答我的提問，還分享了很多個人經驗跟故事。有時只要多問幾句，還是會賺到不一樣的收穫。

上班一個月，我發現同事有好多想法都不願表達，或很少向老闆反映問題。在討論的時候，我都直接問：「這個是老闆想要的哦？但會有這些問題不是嗎？他知道嗎？」我也常開玩笑說：「老闆又不是甚麼獅子老虎，為甚麼你們都這麼怕他啊？」

吃了豹子膽的我，甚至會在老闆面前說：「你是不是曾經做了甚麼，讓大家都這麼怕你，不跟你說實話啊？」通常他都笑說：「我一直都很歡迎大家來我房間拍桌子啊。」有一次我覺得老闆處事不當，看不過眼，真的跑去他面前拍桌子。那刻的我，也沒有想到老闆會不會惱羞成怒，會不會一下把我辭退，做了才算，但願以後的我繼續保有這種風骨。老闆沒有生氣，反而若有所思了一會，再跟我釐清當中的誤會，並收拾殘局。

我常常在想，如果是別的老闆，未必受得了我這種橫衝直撞的硬個性，但正因為年輕的他也經歷過這些，所以願意放手，希望我們這群年輕人可以在這個環境下茁壯成長。

儘管我沒有常常坐在老闆旁，跟他相處的時間也不算很長，私下也會常常抱怨老闆的問題，但他也真的教會了我好多好多，是我的恩師跟伯樂。

離職那天我問他：「有沒有覺得我比當初長大了？」他答：「就像我看自己的女兒，永遠都是小孩啊。」

（說回來，世上有很多不一樣的老闆，不過他們都有一個共通點：貪心。不要問他們想要甚麼，因為他們甚麼都想要：要流量，要品牌，要新會員，要舊客回頭率，要盈收，要毛利，全部都要。）

學校沒有教的事也太・多・了！

出來社會以後，你會發現，原來學校沒有教的事有很多很多。雖說我是個常逃課的壞學生，不能作準，但出來工作以後，過去十幾年學生生涯所學習過的，都好像不會學以致用，在職場上能用的更是少之又少。所以嘛，你也不能怪社會嘲諷我們是「高分低能」——我們公開試分數高，卻真的沒有任何職場技能啊！

我的讀書成績很一般，不過當初為了進大學，還是拼了命去硬啃所有公開試內容，撐過了好多個流淚的晚上，後來進了本地「第一學府」。那時候老師說，努力讀書就會出人頭地，但為甚麼熟背四書五經就代表明白真理？為甚麼要學Sin、Cos、Tan？不要緊，反正考得上就是神仙。

年少無知的我們，也許憧憬過未來的自己可以撐起一片天，但出來工作以後，才驚覺自己不外如是，平庸無奇。人人都說學校是社會縮影，這是真的嗎？

商科教了我們好多商業理論，但這些參考書教科書寫的，真的有用嗎？跟得上現在的社會環境氣候嗎？你思考行銷或商業方案時，有好好用過嗎？坦白說，現在全球最大的科技公司Google、Facebook和Airbnb，都不是用這些理論建立出來。最討厭數學科的我，還記得老師曾跟我說：「你現在不用心學Sin、Cos、Tan也不重要，因為未來的你也用不著，就算你將來要掃地，也不用算哪個角度最省力。」

出來社會以後，你會發現所有硬實力跟知識，都得從頭再累積，又或在網上就可以找到答案。那麼，過去我們花這麼多時間當填鴨，真的有意義嗎？

發現自己沒有適合時代的硬技能之外，你更會發現自己的軟實力更弱。到底甚麼是「有效溝通」和「期望管理」？怎樣做到「向上管理」、「向下管理」？情緒管理又是怎樣的一回事？解決問題的能力，又可以怎樣增強？

有一個深刻又可笑的例子：有個實習生花了兩小時，還未能把主管託付的文件上傳。主管忍不住問他到底出了甚麼問題，原來他一直在電腦前研究怎樣從雲端下載文件，以及在Excel輸出檔案做PDF文件……

到底未來還會有學校嗎？要在學校學習的知識又應該是甚麼？學校應該是一個怎樣

的存在？各學科的比重跟教育制度有需要重新調整嗎？我不是教育學家，不敢妄下謬論，但每當我想到學校所教的內容遙遙地追不上時代發展，就忍不住擔憂。

出來工作以後，我才驚覺自己的渺小跟無才。我們會迷失，會自我懷疑，不過不要緊的。知識無涯，我們需要窮一生去學習，只要保持一個願意學習的心，哪裡都是學校。

別怕犯錯，人生本來就會塗塗改改

我們不是完人，我們都會犯錯，但你知道嗎，犯錯是需要學習的。

我少犯大錯，但想起那一次還是猶有餘悸。那時我太心急，也太信任夥伴，以為我們有足夠默契了，所以就匆匆簽下合約，後來發現，合約條款附有一些沒有事先討論過的保障協議，最後害公司賠了錢。當時我們為了解決此事，在公司都留到很晚。在過程中，我自責了好久，幸好最後還是盡力解決了，向不同單位道歉跟道謝後，也得到各方的體諒。

還記得當天離開會議室後，戰友就拉我去小房間，跟我說：「你啊不要自責啊，我也害公司賠了很多，這次我也有責任，這是公司投資在我們身上的學習成本。」他一直說，我就完全控制不了眼淚大滴大滴掉下來。這下，我才意識到我有多接受不了自己犯錯，自己的完美主義有多狂。

我有寫反省日記的習慣，那半個月，每一篇我都在自我責怪，後來也看了很多書，嘗試去療癒自己。是的，我們都會犯錯，但重點是我們要原諒自己，並從錯誤中學習。

「你一定要原諒自己的錯，不能再犯，記得跌過的痛。」

「不要逞強，沒有人會因為你做不到而責備你，你要學懂去示弱。」

「學會反省以後，就要學會放過自己。」

「犯錯時記得把人跟事分開，錯的是決定而不是你個人。」

「要誠實坦白面對自己不完美，才可過得輕鬆自在。」

「停止自我懷疑，不要再對自己落井下石。」

「犯錯沒甚麼，放下這包袱，才可以繼續向前。」

那時候的我一馬當先去承認錯誤，當時老闆也說不覺得我有錯，反而讓公司一些內部程序跟分工問題浮現了。

現在回想起來，我很少被主管責備，幾乎是沒有，但我對自己的責備都比主管們嚴苛一百倍，他們還沒開始責怪我，我已經自我檢討了。我知道被罵可能會感到委屈或是不好受，至少我在創業時也有經歷過被罵被奚落的時刻，但請珍惜還願意罵你的人，因為他還對你有期望，想你好才會出言訓勉。若你在他眼中不外如是的話，他又何必跟你多費唇舌呢？

還有，請好好珍惜第一份工作時可以犯錯跟學習的機會，因為當你再不是新鮮人的時候，職場對你的期待將會完全不一樣。在離開第一份工作以後，不會再有人關心你對工作了解多少，很多問題也只可以在第一份工作時發問，因為到了新環境，你再不是新鮮人，別人會期待你在第一家公司已經學會。第一份工是你學習的最佳時機。

第一份工學到的十件事

1．可以接受稱讚，要相信自己的努力配得上

每個人都喜歡被稱讚，因為我們都渴望被認同，特別是在這個充滿批判跟指責的東方社會裡，聽到誇獎的機會微乎其微。

還記得我在 KKday 的第一個記者會完結後，老闆傳了個訊息讚我，大概意思是讚嘆眼前這個小女孩駕輕就熟地指揮大家，獨當一面，表現很優秀。而工作幾年來，也總有場合會被不同的前輩和同行誇獎，「她很優秀啊。」「她很聰明啊。」「她很厲害啊。」

其實我每次聽到這些讚美都會好不自然，這種不自在，大概跟成長背景有關。小時候的我很少被家人稱讚，而每次我被別人稱讚時，家人都會用很謙卑的語氣說：「哪有，你沒有看到她在家是怎樣呢！」又或是回個頭跟我說：「你之所以有現在的成就，只是因為運氣好。」「別因為表現得不錯就得意，你隨時會被淘汰。」「拜託！別人對你的

稱讚，都只是客套話而已。」

久而久之，我們只會看到自己不足的一面，也不習慣接受別人的誇獎，因為心裡覺得自己根本沒有大家想像中那麼好，很怕被大家過分看高，又認為在你面前說好話很容易，在你背後說的才是真話。接下來就會逼自己更努力，希望配得上「優秀」二字。

到現在長大了點，多了個人思考，會覺得別人的讚美都是點綴，重點是你有沒有辦法認同自己、找到屬於自己的價值。若我們的努力可以對得住自己，那就足夠了。

2. 謙遜的心不可無，不要做井底之蛙

有一次參與飯局，席間有幾個意氣風發的年輕人。他們年少得志，大概一早賺了一大筆，現在創業，一心只為「型」：「老實說我真的是無聊才創業，現在錢太多都不知放哪！」「我想上市而已，因為帥氣嘛。」他們的話題，離不開誇獎自己的「豐功偉績」，而他們一直力邀一位前輩助陣，當財務長幫他們上市，而那個前輩只是客套地微笑婉拒。

回家路上和前輩同行，她說這幾個年輕人離地又不踏實，我也認同他們的傲氣確實令人不舒服。一樣米養百樣人，個人的態度都會反映在你的氣場內，也會影響著你的行

為舉止，再影響別人對你的觀感評價。

「一個驕傲的人，結果總是在驕傲裡毀了自己。」謙遜是我一直提醒自己要保有的心態，只有保持謙虛，才可以讓你一直進步向前。世上可怕的事不是比你強比你厲害的人比比皆是，而是比你強的人還比你更努力。

3．每個人都有自己的優先序

我們總是期待別人會配合自己的工作進度，但後來才知道，每個人都有自己的優先序。

舉一個常發生的例子：大家都會跑去跟工程師說要趕著上線，行銷部門又可能有品牌活動趕著上線，商務部門又可能有個大供應商趕著簽約上架，客服部門又可能要盡快解決接線問題。事情這麼多，每個人都覺得自己的事最重要，到底在資源有限的情況下，應該先支援哪個部門呢？

獲派任務以後，我們都心急要盡快完成自己的部分，也期望別人如是，但往往結果不如預期，趕不上進度。原因可能是缺少前期溝通，也可能因為大家對資源跟工作的優先序沒有共識。

同樣地，管理自己的優先序也是一個學問。

有些人選擇將易做的事優先處理，有些人相反。我這幾年的習慣，是把事情按緊急和重要性排序：緊急重要、緊急不重要、重要不緊急、不重要不緊急。通常每天只要完成緊急重要跟緊急不重要的事，就已經忙翻了。

在職場上，我們會抱怨別人拖後腿，拖慢自己進度，但或許是我們都沒有理解並尊重別人的優先序是甚麼，因為我們都把自己放大了。你覺得重要的事，對別人來說不一定重要；你覺得緊急的事，別人也不一定覺得緊急，都是觀點跟立場。因此，溝通正正是成事的最重要因素，也是避免進度落後、期望有落差的唯一方法。

4．總會有人不滿意，問心無愧就好

有試過因為別人的一句閒言閒語抹殺自己付出的努力，令你又氣又無言，輾轉反側，徹夜難眠嗎？我試過無數次。

事實是，總有人會覺得你不夠好，總有些外界聲音很難聽，因為他們沒有看到你有多認真工作，沒有看到你廢寢忘餐的樣子，沒有看到你把檔案修改了幾千遍的晚上，沒有看到你放假還一直打開電腦工作，也沒有看到你在年初一的正午還在回客人訊息。

試過接受傳媒訪問，當報道出街後，有人留言說：「她也是幸運啊～」「沒有經驗為甚麼這公司會請她啊，可笑～」「這間公司 XXXXXX～」「一定是靠 XX 上位！」

起初看到這些惡意留言的確很在意，為甚麼他們說話可以這麼尖酸刻薄？為甚麼他們甚麼都不知道，就講到很了解似的？

後來我都選擇不看或自動過濾了。如果我做得不夠好，那就警惕自己，若是無關痛癢、沒意義的攻擊，那就隨他吧。批評別人很容易，講風涼說話也很容易，這些都不需要成本，所以你根本不用在意。

無論你有多努力，都會有別人不滿意的地方。做好自己，是對自己的基本尊重，你的工作跟崗位也不是要討好任何人。把事情做好，收穫都是自己的。

「你必須非常努力，才能看起來毫不費力。」

5．世界上的「壞人」比你想像多一百倍

從前說「世界很美好」都是騙人的，真實社會都是凶險嚇人。世途險惡，大概出來工作後才真正認識到：

原來會有人見人講人話，見鬼講鬼話？

原來會有人會顛倒黑白是非，還告你一狀？

原來會有人把你的案子當成自己的，再拿去立功？

原來會有人自行修改合約內容？

原來會有人盜用公司帳戶？

原來會有人私通其他公司，來騙自己公司錢？

原來會有人挑撥是非，離間同事？

踏入社會後，不管是耳聞還是目見，這些事都屢見不鮮，也不會只在個別公司發生。

第一次碰上的時候，驚訝原來電影情節真的會有，後來發現我誤會了，真實世界比電影情節殘忍一百倍。每一次遇上千奇百趣的怪事，都讓我大開眼界，挑戰我對「人性」的信任跟理解，但到後來都見慣不怪了。老闆說這些人都是你的菩薩，因為他們都在給你

上課。

「可恨之人必有可憐之處。」或者有人當下做了好多「壞事」或是你看不過眼的事，但我們也要學會想多一步：每個人都總有自己的苦衷或故事，只是彼此看的角度不一樣。甚麼是好人，甚麼是壞人，有標準答案嗎？

經歷了幾年的社會洗禮，我還是堅持相信「人性本善」，而壞人壞事，也可以為你上一課。

6．謹言慎行，小心說出口的話

海明威說：「我們花了兩年學會說話，卻要花上六十年來學習閉嘴。」

記得小時候上歷史課，老師說：「開口前，請先搞清楚你是發聲還是發言。」要言之有物、言而有理，說話的學問實在太多太多，而很多職場的互動都教會我要謹言慎行。

職場上，總有些人不識時務，在不當場合上口沒遮攔。別人看在眼裡，心裡面打分數：「怎麼會有人這樣說話啊？」

我們每一個舉動，或每一句說出口的話，都可以成為別人打印象分的指標。最無辜的是，很多時候我們連辯解的機會也沒有，只可以啞子吃黃蓮。

大概我們都試過這些經歷：被上司誤會，被同事曲解，又或是無意的行為傷害了別人也不知道。我們很多時候禍從口出，因為不知道何時是「言者無心，聽者有意」。又或者有些意思沒表達清楚，甚或只是一時氣話，都變成誤會的源頭。

從小到大，衝口而出、口不擇言的壞習慣是我的缺點之一，不過這些年，我都在努力練習管好自己的嘴巴，三思而後行。

7．傷疤還是留給自己看吧

我們都受過委屈，老實說，沒有一份工作是不委屈的，但我跟自己說，再崩潰也不能在工作時流淚，因為哭跟崩潰都解決不了問題。

所以，所有的會議爭執，我都會硬著頭皮撐著；信任的同事讓我失望，我只好調整對別人的期望管理；準備好久的活動臨時取消，我就能立即想出替補方案；多努力業績也沒有達標，我就花時間重新看數據，又或者對外求教；在外部會談中無意中受傷，我就冷靜地叫車去醫院（不是比喻，是真實經歷）。

人人都有情緒，一定有崩潰激動的瞬間，但再崩潰還是要先處理事情，先解決問題，先完成任務。

很多人遇到委屈，會立即在公司小圈子手機群組發一堆抱怨文，或是釋放負能量去討拍尋安慰，但你有沒有想過，別人可能只是拿你作笑話，又或是你的負能量也會影響其他人？這些沒意義的行為，可以是對團隊士氣最大殺傷的力量。

沒有人的工作內容是包括處理你的情緒。情緒管理，還是自己的事。不是說委屈就不能哭，我也數不清自己流過多少眼淚，只是我把所有傷口跟淚痕都留給自己看而已。工作嘛，還是專業一點理性一點比較好。

8．吾日三省吾身

剛剛進職場的第一個月，我在台灣一間咖啡廳回想自己的工作表現，隨手拿起誠品書店的包裝紙，抄下所有不足的地方。隔天，我拿去跟老闆和同事說：「我發現這些地方真的做得不夠好，你有讓我改善的建議嗎？」那時候有同事說：「你這個人挺有趣的，居然可以這樣赤裸地面對自己。」

在大學創業的時候，年少氣盛，少不免跟夥伴發生磨擦。好勝的我們都不願讓步，而且自尊心也很強，完全不願意承認自己有錯。當對方指出自己問題的時候，我就會像一隻刺蝟，用身上所有的刺去反擊，以遮掩被人說穿問題的羞愧。

有一次我們在爭論時，夥伴好認真地跟我說：「梁珮珈你自尊心太強了，所以你不願意承認自己的問題，也不願意自我反省。」那次我想了很久，我不曉得我自尊心強是如何培養出來的，但發現生活了十九年（那時我十九歲），好像真的不知道怎去反省自己。小時候父母師長叫我們反省，但有多少次真的會去做？究竟反省是一回怎樣的事？那時候把自己放得太高，便不知天高地厚，可以想像當時的自己面目有多猙獰，有多無知。

自此之後，我開始學習反省，思考自己有甚麼不足，面對自己的問題，接受自己的不完美。開始前，要先克服一個心理關口，就是接受我不夠好、我有缺點，但我想自己變得更好。

一開始，我會由事件開始反省，漸漸培養向自己發問的習慣：這件事學到了甚麼？下一些決定時，是不是有做得更好的地方？想法夠周詳嗎？即使看完一本書，我也會反思一下自己可以學習的地方。

透過這些反省，你會更加了解自己，也令自己進步得更快。隨著在工作環境中職位愈高，會指責你的人便愈少，所以為了保持進步，我只可以更自律更密集地自我檢討。每個月、每一季，我都會預留一個獨處時間去做深層檢討，不可以讓自我放大。

9. 換位思考，建立你的同理心

剛剛創業的時候，除了滿腔熱誠跟勇氣之外，就甚麼都沒有。

還記得頭幾次去跟客戶 Pitching，我以為自己為品牌做好行銷計劃案，就是對客戶最好的交代。好記得有個客戶在會議上連珠炮發地發問，那一次，能言善辯的我們也被殺個措手不及，一時間啞口無言。客戶說我們沒有好好思考、沒有做好準備就來匯報，那是對我們的當頭棒喝。

我們自以為最好的，其實不一定是別人想要的。那次之後，我就養成了換位思考的習慣，為對方多想一步：「如果我是 XXX，我想知道甚麼？」「如果我是 XXX，我需要的是甚麼？」

在所有會議前，我習慣先在腦海做一次預演，模擬幾個情境，想好對方需要甚麼，會問甚麼問題。後來發現這樣子換位思考，事情就會事半功倍。如果對方能夠提出一些問題，是你未有準備好的，代表下一次你還要想得更全面，做更多準備。這樣的思考方式，令我習慣了腦袋一直轉動，並培育出同理心。

「同理心是想像自己站在對方立場，藉此了解對方的感受與看法，然後思考自己要怎麼做。」同理是一種習慣，換位思考是一種訓練。慢慢你就會知道，世界沒有我們想的這麼片面單向。

當年只有熱誠跟勇氣，慶幸今天還多了一份同理心。

10．適應公司，而不是公司適應你

有段時間，公司有個同事一直在抱怨：「我以前的公司不是這樣的……」「我以前的公司都是那樣啊……」

聽多了會有點膩，畢竟新地方需要新開始，有新的文化跟工作習慣。一直這樣拿從前跟現在比較，有點像那種一直拿前度跟現任比較的情人。如果你那麼喜歡舊公司，為甚麼當初會離開呢？

另一個常見的情況是：「我以為你們這裡是……」「我看報道說這間公司是……」「我覺得工作環境應該要……」

這些主觀代入或幻想假設，都會衍生出很大的期望落差，最後只會抱怨，埋怨公司不是，說幻想跟現實不一樣。不過，這些不過是你看到或想到的單一畫面，而不是真實全貌。

我不是要為任何公司辯護，而是因為我都經歷過一樣的過程。一畢業時，還是會對工作或初創環境有很多憧憬：「希望公司的文化是XXX，希望公司有XXXX」但事實上，打從第一天上班後，我就遇到很多衝擊，很多事情跟「我以為」「我幻想」都不一樣，了解實況以後，把我從幻想的泡泡直打落谷底。

可是，既然我挑了這間公司，便代表我要接受跟適應它的文化跟遊戲規則。要融入新公司是你的責任，公司是沒有責任來適應你的。

02

踏出舒適圈
我的初創之旅

光鮮亮麗的辦公室、輕鬆的工作氣氛、酷酷的職位名稱……外行人都會覺得「初創」這個詞很美好，但我想分享的是，初創並不是你想像中的美好樂園，你現在所看到的「美好」，都是不到 1% 的個別例子。如果要踏上初創這條路，請做好心理準備。

因為拒絕安逸，我選擇加入初創

如果由你去選擇一個遊戲的話，你會挑一個自己運籌帷幄、穩勝的遊戲，還是一個充滿挑戰、難闖關的遊戲呢？我會選後者。因為當所有事情都可以預測到掌握到，遊戲就沒趣了。「舒適圈的終點，就是你人生的起點。」如果可以為自己的人生設一個起點，我會希望這是個不乏味的起點。

因此，我選擇了加入初創。

這幾年初創變得流行，是不少人的考慮之列。總括來說，初創有幾個原因是值得考慮加入的。

首先是充滿彈性的工作氛圍，包括輕鬆的工作環境。在初創的辦公室，不一定有指定座位，可以隨便找位置坐，喜歡就好，而工作時間也不會太硬性，上班甚至不需要穿著正式套裝，反而是便衣跟拖鞋最常見。工作內容也有很多可能性，好多機會可以轉換職位。

其次是學習機會多——你將會有好多想也沒想過，甚至從來沒聽過的事情可以學習，包括AI、Data、Digital等等不同技能，還有機會去很多不同地方參觀或上課。

第三是找到成長的成就感。在初創世界，由0到100的變化可以很快很誇張，活在其中，你可以感受自己也在一直成長，帶給你不同的成就感。你會感到自己做的事有回報有成效，是一種看得見的肯定。

第四是初創是一個平台，讓你發掘好多潛在可能性，因為你會被訓練出「一個打十個」的絕技，發現自己原來有好多可能性，甚至將不認識變成擅長。

此外，這是一個逼你向前進的環境。長期在一個嚴謹的工作環境下，你的抗壓力會變高，還要逼自己學最新的事，好讓自己不被淘汰。

最後就是找到志同道合一起衝的隊友。選擇進入初創的人都有一些理念，或是身懷絕技，又或者願意一同成長，向著同一個目標前進。這樣的環境，也會讓你認識到一些將來可能有機會幫助你創業的人脈。

我是這樣踏入初創圈的

加入初創圈的時候，startup 跟 tech 也未算很盛行。當時大學不會提供相關資訊。還記得大一那年是二零一三年，我參加遊學團去美國西岸，參觀完 Google 跟 Apple 的時候，我還沒有感到那股初創力量可以有多強大，更沒有想過要加入初創，只是跟朋友們熱熱鬧鬧拍完照就趕去購物。

真正接觸 startup 這個詞，是在二零一四年，我正第一次創業。那時候某間本地知名初創剛拿了 A 輪融資，成為一次商務飯局中的話題。飯局中，一個行內著名的數位行銷公司高層跟我們說：「趁年輕快去做 startup，那個 scalability 才夠大，你做 Marketing agency 這麼辛苦才掙一丁點！」這位前輩隨口說了說，我跟拍擋就開始研究甚麼是 Startup。

Startup 可以是所有由 0 到 1 的案子，但它最強大的地方是透過創新去解決一些現有問題或痛點，而且足以由1擴展到100，創造很多可能性。那時我開始研究不同初創公司的商業模式，留意外國初創的新聞，並一直閱讀相關書籍。*From Zero to One* 這本書當時解答了我很多問題，我於是開始探討有甚麼值得投入的項目。那個時候我還未畢業，本科的功課沒有認真看待，卻對初創很熱心。

當你開始留意身邊發生的事，就會發現是一個很有趣的過程：原來生活上可以有這麼多需求跟資源／資訊不通的地方，或是可以變更好的可能性。

當年是大學最後一年，身邊的朋友都在找工作找實習機會，而之前工作的客戶也在問我們有沒有推薦的實習生。我覺得中間可以串連成一個平台，撮合學生跟僱主，還可以收集數據做用戶分析，於是我們就選定了這樣的項目，開始投入工作。

那時候很多事都不懂，怎樣架網站、怎麼做 UI、Website flowchart 要怎麼跑、網站的文案、法律文件，甚至是 Pitching、融資等等全部都未接觸過，都是自己在 Google 學回來。過程中感覺很實在，無論是網站建成的一刻，或是首幾次去跟別人 pitch 的過程，都充滿著滿足感跟成就感（當然還有無數的挫敗感和氣餒）。

雖然最後這個項目沒有延續下去（到後來出現了類似理念的 The Muse 跟 Wantedly），

但我還是很慶幸這個經驗加深了我對 Startup 的認識，亦更了解適合自己的工作環境跟熱情所在。那時候，我憧憬在一間初創工作會是一件多棒的事情（發現初創不是想像中的美好樂園是後話了），很想知道一家成長中的初創是怎樣做，所以當我求職的時候就毫無懸念，直接找初創公司。

我有在 Glints（新加坡）、Whub（香港）跟 Angelist（美國）三個平台找工作，最後覺得初創或者可以跟我旅行的興趣結合，於是直接在 Google 搜尋「Startup」跟「Travel」，首幾頁出現的公司，我都研究跟投考了一遍，最後順利進了只有三十人的台灣旅遊初創 KKday。當我在看這個初創項目時，我是打從心底覺得有發揮空間，看到它的潛在成長跟機會，也是自己願意投入熱情去做的事（當然，當時還發現創辦人曾經成功創業好幾次，很想跟他學習）。

總結來說，當初的我或多或少是因為因緣際遇，再在初創公司找到學習動力、熱情跟滿足感，加上喜歡創新及解決問題的感覺，就義無反顧開始了這段奇妙旅程。

每個人也適合初創

很多人都誤以為有科技背景的人才能做初創。事實上，在不同階段，初創專注的事都不一樣，而每個階段需要的人亦不一樣，所以不同的人，還是可以在各種公司的不同階段中，找到最適合自己發展的舞台。

初創第一階段是從 0 到 1，把所有想法都刻劃出來，一步步實現。這是一個不停試錯的階段，今日的自己會一直打倒昨天的自己。今天的重點可能放在 B2B，明天卻是 C2C。適合這階段的，是一些很有個人想法且具彈性的年輕人，不需要給予他們太多方向，也沒有人可以明確地寫出這階段的工作內容，即便有簡略的部門分工，但還是要處理很多跟本業不一樣的事情。每當遇到問題或阻滯，他們需要自行找出解決方法，所以這種人需要具備畫家的構想力，畫出藍圖，亦要有科學家的實驗精神。

第二階段是從 1 到 100。這個階段開始找到一個確實方向了，就要迅速把小成功規模化，重點放在「快速」跟「成長」的部分。這個階段適合不同領域的人才，可以是行銷，也可能是數據研究，最好是有一技之長，可以幫助團隊發揮。這段時期沒有太多時間讓你學習，你只能一直嘗試，不能太介意得失跟付出。這種人才除了要有挑問題的能力，還要有解決問題的能力，還需要有領導能力，因為規模化之後就是要管理，用最有效的方式複製成果。

第三階段是從100到無限，要複製成功的經驗，將之「系統化」。這個階段需要建立一個可持續複製成功模式的體系、一個系統化的管理體系，除了傳遞企業哲學跟價值、培育公司文化外，還要建立一套改善策略的系統和培育人才的方式。這個階段會開始建立制度和層級。此時，能為組織帶來專業知識，以及具備管理能力的人，會最有舞台。

從0到1的階段，是一個人可以做全部的事，1到100是一群人一起做好很多小事，而100到無限，是帶領一群人把一件事做大做好。三個階段唯一不變的共通點是解決問題的能力——每個階段也會有不同的問題，沒有哪個階段是最好，只有最適合自己的。

初創一片美好？你想多了……

這幾年大家講到初創，都聯想到很 sexy 很有趣的工作環境、文化開放、福利好、成長空間大等等，就因為這樣大部分人都興致勃勃走進來，最後卻會發現，其實初創公司不是你想像的美好樂園。

1．初創是一個連裝潢都從 0 到 1 的地方

大部分初創公司都是沒有裝潢的，而不是大家見到的 open office，或是有 game room 這些玩樂設施，因為創辦人的心思和時間，大多花在自己的產品上，加上資源有限，根本無法去關心裝潢這件事。我剛開香港辦公室的時候，試過在唐樓工作，裡面只有兩張桌椅，連傢具都是買回來自己組裝，首批同事還要跟我一起油牆、搬運、佈置。

2．初創是一個沒有制度、沒有福利的地方

如前面所言，大部分初創都沒有制度，因為公司一開始只有幾個人，大家的心思都花在產品跟成長上，沒有人會去研究福利、制度，通常要到一個時候才開始慢慢增設。不少人都會抱怨初創公司的管理有問題，即使大如 Facebook 或 Airbnb，今天也在面對管理問題。如果你不能管理好自己的心態，會難以適應初創公司的文化。

3．初創是一個欠缺資源的地方

坦白說，大部分初創公司都是資源拮据的。如果你看到一些公司募了很多資金，你看不到的是他們成長壓力有多重——因為追求成長，所以需要資源的地方很多；有一些初創公司未必成功募資，則要面臨經營下去的財務壓力。這些都是初創公司一般都很節儉的原因。

4．初創是一個磨練意志的地方

初創本來就是一個一直試驗的過程，你會經歷很多失敗跟挫折。這裡不會有一個教

你成功到終點的方程式，你在這個地方必須有試錯的勇氣、接受失敗再站起來的能力，而且還要提醒自己要一直反省各種價值，打破傳統。有些時候，失敗未必是因為方程式錯，而只是時機問題，抱著屢敗屢戰的態度才能撐得住。

5．初創是一個充滿改變的地方

如果你不是一個容易適應改變的人，真的不要選擇初創公司。因為種種原因，公司的方向、目標、策略都會一直改變，你一定要跑得更快，也願意適應，才可以留下來。社會改變跟趨勢、科技發展都日新月異，你一定要保持靈活，才可以接受不同的考驗跟挑戰。

6．初創是一個充滿未知的地方

大部分初創公司都未找到自己的商業模式或適應市場的方法，公司未來發展更是無從預計，可以說是一場賭博。然而因為它充滿未知，所以才有很多可能。每隔一些時間回頭看，你也看不清當初為甚麼和如何走到這裡，但這就是過程中最有趣的地方。

初創初期，大家都在做甚麼？

沒有一個初創的開始是浪漫的，也沒有一個團隊從 Day 1 就已經定好自己的商業模式，並能一直堅持下去。如果你加入一個初創團隊，請做好一直改變的心理準備。改變，不是因為意志不夠堅定，而是在尋找一個可通往更遠方的出口。

市場調查：

很多初創公司都會這樣：一開始看到一些痛點，想到解決方案，或是想到創業主題，就很雀躍興奮，但當開始做市場調查，就會發現那個以為很特別的題目，其實已經有超多人在做了。沒錯，世界這麼大，你能想得到的，別人也想得到，所以市場調查很重要。再者，最好的創新就是複製跟改良，從其他人的作品中吸取精華，也許就是最好的起跑點。如果你一邊做的時候一直發現「咦怎麼又有一個」？不要慌，這是很常見的。

點子其實很廉價，真正決勝的是執行力。我們不求做第一個，但求走到最遠。

除了題目要調查，用戶調查也很重要。有時候，你眼中的「痛點」未必是別人眼中的痛點，又或是這個「痛點」未必有人願意花錢去解決。驗證痛點跟潛在問題，是一個很重要的程序，如果沒有人願意花錢，你就沒有潛在客戶了。

決定商業邏輯：

做完市場調查，下一步就是決定商業邏輯。當老闆的會決定商業模式，如果沒有辦法賺錢，那倒不如不要玩了，畢竟創業不是做慈善。當定好商業模式後，一步一步建築就是重要工程了。供應跟需求在哪？你的潛在客群是誰？他們的 Persona 是怎樣？你的商品是甚麼？你的收費方式是怎樣？你的用戶旅程是如何？你的網站架構怎樣？Website flowchart 要怎麼跑？你的 UI/UX 如何？你的客戶問題要怎樣處理？有要注意的條款嗎？剛開始的時候，大概每天都是討論這些，然後看著 IT 大大們把想像中的畫面逐步建構出來。我們不可能第一步就想得完美透徹，所以討論的時候盡可能保持一定彈性，只有能夠承擔變化的東西，才有機會接受挑戰。

這個時候，是你最能記住你為甚麼做這個商品的錨點了，可以的話盡量記錄下來，無論是照片或文字（這時在畫板上畫了無數 mindmap，牆跟窗都貼滿便利貼），因為當創業的路繼續下去，這段時光將是你最想回顧的。

產品上線：

當第一個 Beta Product 出來以後，下一步就是快速上線，以最快方式測試市場。千萬不要妄想等到你的產品完美才上線，千萬不要妄想等到你的產品完美才上線，千萬不要妄想等到你的產品完美才上線。很重要，要說三次。

上線速度很重要，一旦時間拖長，人就會疲乏，從確定做到上線大概只可以有三個月時間（我 Freelance 接過一些案子，逼初創團隊用兩個月先推出來讓市場感受）。不要因為任何臨時狀況而改變上線時間，萬一出狀況就去解決，或是先找出最適合的緩衝方案。任何產品一開始一定有很多不完美的地方，甚至又醜又怪，但是時間就是要抓住。去理解用戶跟測試市場，不要糾纏在無謂的執著上，你將有很長時間一直修改產品的。

初創都是一群有想法的人聚在一起，如果大家想法一致，只是一時的幸運，因為大多數的情況也是超多想法碰撞，有人覺得 P to P 才是對的，有人覺得 B to C 才是對的，如果都花時間在吵架，產品就永遠做不出來。我們可以討論，但絕不能因為討論而延緩上線時間。人總是貪心，甚麼都想要，懂得評估資源後作出取捨，才是完成的第一步。

其他：

其他要思考的因素包括資金來源，這些要在最開始的時候就想好。我很幸運，待的公司從第一天就有資金，不需要煩惱這個，但我相信很多初創在這一步就卡住了。雖然老闆有資金，但他還是教我們錢都有花完的一天，所以絕不隨便花，所有的資源都得來不易，要放在最有效益的地方，每一筆也要花在刀口上。

至於工作場所，一開始我都在家工作，只要有電腦跟 WiFi 就夠，不然就去 Coworking space，到後來團隊多了幾個人，我才不能一直待在家，租了一個地方。當時只有幾張桌椅跟 WiFi，再逐步把所需的設備加上去，最初連水機都不想買，隨便去超市買兩支大水就好了，在時間跟資金都不夠的時候，哪有人有心思佈置辦公室？

我的獨門秘方：一百個測試成長的計劃

「她畢業剛進公司時提出的成長計畫，是我拿去教新同事的成功案例。沒有人剛進公司就知道自己要做甚麼，但她卻在一個月內測試完所有管道。」這是同事寫給我的評價。是的，沒有人可以教你怎麼成長，一切都得靠自己摸索出來。

甚麼是成長？Growth Marketing 是一個 Buzzword，大家聽得多，但不一定知道它跟傳統行銷或數位行銷的差異。我們都會經歷以下步驟：Acquistion（獲得使用者）、Activation（成為有效的客戶）、Revenue（用戶付費）、Retention（用戶留存、回訪）、Referral（用戶推薦他人）。這些概念都比較抽象，通常我會以比較市井的方式做比喻：Growth 的過程就好比追女生。

簡單來說，先要嘗試不同的方法獲得女生的關注，再從中分析她們的用戶旅程：到底哪一種方法是最有效率？真正對你有興趣的用戶特性又會是怎樣呢？接下來就是使用不同方法去留住她，讓她願意把你介紹給自己的朋友。為了增加自己的曝光，我們還需要借助別人來以力打力，比如說哪一個場合或哪一個夥伴可以介紹更多女生給我們認識呢？

為了測試不同的管道，我加入公司第一個月，了解公司運作後，就覺得下一個重點是測試：測試市場、測試哪一種內容或模式最容易吸引用戶眼球，而又最有效率。所以在第二個月開始，我就跟三個兼職生擬定成長計劃：先想一百個不同可能的組合，再兵分三路，一個負責製作內容，把不同用戶、內容跟形式可能性都做最少三遍，放到社交媒體，看哪一條方程式可以爆紅。另一個則要用不同帳號去論壇做資料搜集，看看哪一個主題或痛點是網民最常討論跟關注，哪個曝光率又最高。最後一個就要去追蹤數據並加以分析，透過兩邊得到的結果找出目前最受歡迎、最值得關注的十個可能方程式，再投放廣告，增加曝光，擴大效果。

那個時候我們要很清楚，我們不需要完美的方案，只需要測試的結果。這個雜牌軍團隊充分體現了「三個臭皮匠勝過一個諸葛亮」的說法：你有沒有想過一段只花一小時拍攝剪輯的隨意製作影片，至今卻仍是粉絲頁觀看次數最多的作品？幾個人隨口說的內容，竟可以有過萬次分享？有些事情不試試的話，你永遠不知道結果。

每個初創的成長方式都不一樣，但沒有人會教你工作內容或必勝的成長秘方，最重要還是靠自己創造和執行。

每人也要一位義無反顧的羅賓

就算沒法成為超級英雄，也要多謝身邊有一位願意義無反顧支持你的羅賓。

「一開始甚麼都沒有，要從何開始？怎樣找第一位員工？」從0到1，到後來1到100，如果只有自己一個人，是不可能的任務。

在最開始的時候，我就邀請了我的好朋友加入團隊，當我下屬。她可能早已習慣當我副手，也沒有對未來的工作有太多想法，所以這個過程很自然，一點都不尷尬。

中一開學日，我認得跟我同一班的女生，於是主動去打開話匣子，然後轉眼就和她做了十多年好朋友。當初加入初創團隊，我知道自己需要人幫助才可完成大任，二話不說就「逼」她加入。默契非一日練成，我看慣了她的怪異跟獨特，她也了解我的荒誕跟脾氣。

「可以公私分明嗎？」「你們是好朋友，一起工作不尷尬嗎，不怕吵架嗎？」我們工作上可以認真處事，理性思考，私下可以乾著酒杯大癲大笑，胡說八道。有些日子，我半夜叫她改圖改文案、跟她一起在公司沙發工作到夜深，還要她請假自費來陪我出差，還逼她一起去公司……

從小到大吵了幾百遍又和好，工作以後也一樣常吵架，但好快又和好。我除了是她主管，更是她好朋友。為了她好，我才要更直接點出她的問題跟不足，逼她改善跟進步。我們的關係來得輕鬆坦然，我們都希望幫對方變得更好，沒有甚麼比較的存在。

這段路程她也很痛苦很挫敗，但也成為更好的自己。感謝她義無反顧地跟我完成很多任務、克服了很多硬仗，又常常聆聽我的嘮叨跟理想，並分擔了我大部分的壓力跟困擾。她有想法，給了我很多誠實的忠言，又和我討論了很多旁人不能理解的話題——「金正恩跟特朗普誰比較狂？」「人死後到底會去哪兒？」「當未來沒有了鈔票，經濟體系跟管制會變成怎樣？」

她常常問我：「為甚麼你這個人這麼古怪？」這個羅賓雖然口說我怪，但又承認跟我是沒法切割的生物鏈，未來跟我要完成更多任務，還說要做我經理人，幫我寫自傳。前陣子跟中學老師見面聚舊，她說我更新近況都離不開這個好朋友：「我們商量了甚麼」、「我們打算怎麼做」。老師眼中，看到這樣走來的情誼覺得感人，畢竟人長大了，少不了計算跟比較，但她在我們身上看到了一起成長、不離不棄、相互影響的真情。

友誼萬歲好難，但人生有這樣一個支持你、見證你成長、跟你水裡來火裡去的朋友，夫復何求？

如果你想創業，希望你也找到一個義無反顧支持你的羅賓。

選好你的取西經隊友

我最愛問的其中一條面試問題是：「你覺得自己在《西遊記》是哪一個角色？」總有應徵者沒有看過《西遊記》，問我有哪些角色可以挑，又或是說自己是二郎神。那我先解釋一下各個角色的特性。

唐僧是團隊的領導者，除了有遠大的目光，還有堅信的意志和團結團隊的能力。就算路途上遇到任何困難阻滯，他都不會放棄取西經的決心。

孫悟空是團隊中行動力最高的能者，鬼主意多，而且遇到任何困難都不惜衝鋒陷陣，絕不退縮。

豬八戒表面懶散，是豬隊友，但他有小聰明，可以用最有效率的方法完成任務，而且是團隊中調和氣氛的能手。

沙悟淨則是一個不辭勞苦、默默耕耘、在團隊裡任勞任怨、支援大家的角色。

每個角色在不同崗位可以各司其職，這樣的團隊就有很強的互補性，也是馬雲眼中最好的創業組合。就算唐僧沒有任何特異功能，但他有遠大的目光跟指導團隊的能力。孫悟空雖能力強大，但卻需要緊箍咒才可以管得住。豬八戒的聰明還是需要有伯樂的信任才可以加以發揮。沙悟淨看似平庸，卻最值得信任，永遠全力以赴做足功課。

在不同的團隊層級之中，你都可以有不同的角色。在老闆眼中，我是孫悟空；在自己的部門，我就是唐僧；在同儕眼中，我可以是搞怪的豬八戒。

這個取西經團隊雖不是完美的組合，也會存在各種小問題跟磨擦，但即使最完美的團隊也會有爭執磨擦的時候，最重要是成功達成目標，完成取經的任務。在團隊之中，找到自己跟隊友的角色，才可互相補位配合。初創不需要英雄主義，當一個團隊指揮，也要學會平衡隊內不同角色成員的比例，就像老闆跟朋友們都曾對我說：「如果公司跟世界都太多像你這樣的人，一定會很亂。」

請慎選你的隊友。

同事可以做朋友嗎？

同事的關係很微妙，這群人跟你相處的時間，分分鐘比家人或情人還要長。有些時候大家聚在一起痛罵老闆，又或者因為公事吵到臉紅耳赤，但吵架以後還得要繼續面對面相處。

大部分人都認為職場如戰場，太多利害關係，所以難以交到真心朋友。不過，我想凡事都會有例外。

有一群人是我剛進公司、在台灣受訓時就認識的戰友。大家年紀差不多，有人剛當完兵回來，有人在台大政治系畢業，有人剛當完導遊，有人唸完研究所，也有人剛從大公司出來轉換跑道。開初大家都沒有職級之分，只是負責不同的工作，但共通點是我們都滿懷理想又熱血，亦對旅遊很有想法，最難得是我們都願意跑來一家毫不起眼的新公司。

剛入職不久，老闆就跟我們說：「你們可以做一輩子的朋友。」幾年後，他在社交網站貼了我們的照片，說：「沒有血緣關係的一群人，因為一起創業的革命情感，變成了比親人還親的大家庭。難得的緣分、難得的信任、創造難得的成就！」

那段一起工作的日子，我們完成了無數個項目上線，在各個破紀錄的時刻一起歡呼喝彩。我們也戰戰兢兢出席過對外記者會，又或是為了某個活動忙個焦頭爛額，通宵達旦地完成任務。在那些對前路充滿懷疑的時候，我們一起喝酒聊心事；在每個管理會議時在手機小群組埋怨老闆；又或者誰被點名指責時我們在旁安慰，看到大家被採訪立刻傳開去，取笑對方的用字或照片生硬；那些夜闌人靜的晚上大家都身在異鄉，我們互相取暖。

當然也少不了那些我們為了爭資源或為分工而吵到天翻地覆的時刻，現在回想，當時實在無謂，大家只是立場或見解不一樣，但都是為了公司。有些不了解我們「溝通方式」的人，還誤以為我們不和，或是討厭對方。我們因為太了解對方的個性，所以都氣不了大家，只有更多的包容跟諒解。如果誰受了委屈、被誤解，或是遭到不公待遇，我們不會落井下石，只會跑去代出頭。

一直在海外的我沒法跟他們朝夕相對，彼此都散落在世界不同角落打拼，但因為大家有一樣的信念，一樣的目標，一樣的經歷，所以從來沒有覺得距離很遠。見過對方最懦弱的時候，或是最崩潰無助的瞬間，我們彼此更像一起成長的親人。

雖然常吵架，但我由衷欣賞他們每個人的優點（也很了解他們的缺點），很珍惜這些年有著這些讓人又愛又恨的戰友。我們惺惺相惜，在以後還要繼續見證或成就彼此的成功，一起成為更厲害的人。

我寫過一句話：「在工作環境能成為朋友是緣分，但遇到願意一起協助彼此成長的戰友是福分。」

資源不足是成長的催化劑

大學創業時，我們接了一個實體鬼屋體驗的案子。

當時資源有限，連裝潢、角色招選到劇本撰寫和宣傳，我們都一手包辦。那時候，我大概沒想到自己可以做導演跟編劇，帶領演員們投入角色，又可以跑去澳門用一個半夜的時間就拍好一段鬼片，甚至去搬泥、做木工。為了節省成本，我發揮了好多可能性。

我很懷念這段資源稀少的日子，當資源不夠，你就會激發出好多潛能，將好多不可能變成可能，例如你不想花錢在裝潢，就買油掃跟塗料自己做，又可以自己把傢俱搬回公司自行組裝。

可能因為創過業，加入初創公司後，雖然資源較多，但我還是置入了這樣的思考模式：資源是有限的，每一筆錢都應該花在刀口上。

那時候香港開站，為了得到媒體曝光，打算做一個鋪天蓋地的吸眼球活動，又想在網絡上得到瘋傳效果。當時正職員工加上我有六個人（有兩個是第一天報到），我們除了要維持日常的工作外（包括下廣告、社交媒體日常運作、發新聞稿、異業合作等等），還劃了一大部分時間去共同完成這件事。我們在五月中開始開會，討論好活動重心就分工。那時候沒有多餘資源把工作外判，所有事情都盡可能自己處理。

負責對外異業合作的同事，一直寄建議書給不同夥伴去找贊助，幾乎打了八百通電話，成功把獎品找回來。負責數位廣告的同事，兼任了宣傳片製作，四出找演員、導演、拍攝團隊，還要寫劇本。負責社交媒體的同事，要設計所有文宣、紀念品跟實體道具製作，又要貨比三家，跟供應商講價，連運費也不放過。負責媒體關係的同事，一手包辦記者會，由場地設計、媒體邀請、訪問、嘉賓安排、新聞稿都處理妥貼。負責行政營運的同事，要負責實習生和臨時員工的招聘、排班、發薪，到記者會食物、活動獎品寄送安排，再到報帳甚至跟淘寶店家理論都得處理。

怎樣用一天的預算去租三天場地？怎樣跟供應商或合作夥伴互換資源？怎樣找免費拍攝場地？這一切一切，若少一點耐力，少一個願意相信的隊友，少吃一點閉門羹，少一點被冷眼或無理嘲笑的預備，我們也沒法完成。活動前一晚，所有人無論正職或實習，都待到凌晨兩點才回家。

最後，記者會來了60+個媒體，實體活動兩天吸引了2500+人，網絡曝光超過100+篇，影片超過五十萬收看率。對我們這個當時沒人認識的品牌來說，這是一個很滿意的成績單。最難得的是，我們團隊多了一份革命情感。

後來，大家都會為了節省時間而花錢外判工作，又或者覺得預算不夠，就只挑一小部分去完成；後來，我在審預算或檢討一些事為甚麼沒有完成或做好的時候，答案通常都是「資源不夠」。

資源稀少的日子除了迫著我成長，還帶給我那種用錢買不到的成就感。

做不擅長的事，是成長一部分

雖說一開始希望找一份可以看到自己不足的工作，但認清不足，跟學會處理不擅長的事情，還是有一段距離。

「習慣在自己擅長的領域發揮是人之常情，但學會把不喜歡、不擅長的事也幹掉，才是成長的一部分。」那時候被行政工作跟數據逼瘋的我，在社交媒體打了這句話。

香港公司開始時，要申請公司註冊、文件註冊、商標註冊、員工強積金、員工合約、一大堆請假規則、惡劣天氣工作安排、報帳等等，性格不拘小節又沒財務法務背景的我，每天都將這些項目排到最後，不到死線我也不做。人是愛逃避的動物，哪會有人想處理這些又膩又繁複的事？

行政工作姑且可以擺在一旁，但數字不能。我每天都要看業績跟流量，每天都要從數字找出問題：到底這產品銷量跌，是因為流量還是轉換率？公司有幾百個充滿數字的報表，到底要怎樣消化？如果沒有數字，就沒法量化團隊表現，所以「跟數字混熟」是責無旁貸的。但我就是不愛數字，從小一開始，數學科成績就在合格線遊走，到後來會考，我也是出盡九牛二虎之力才僅僅合格。原以為會考以後，下半輩子都可跟數字劃清界線，但原來是我太天真。

不過，所有事情一開始，我都以為一輩子都不太可能要做，所以每次遇上，我都會跟自己說：「天哪，那到底是甚麼鬼？我根本不知道怎麼做！」但接著只能硬著頭皮去做，然後說服自己：「不是你自己說想要新挑戰嗎？」就是那樣，我一直撞牆般地過日子。

把不擅長的事幹掉才是成長。我不敢說現在的我很會處理這些事，又或者很擅長數據，但至少已不會再有那種怯懼或抗拒感，也會用數字說話，用數字找問題，甚至教人看數字找盲點。

我慢慢發現，要處理不擅長的事，都是一段過程，往後的路上還有更多始料不及的「不擅長」。保持「幹掉」的心態，才可以一直往更遠的路出發。

別被數字沖昏頭腦

「今個月的流量 Growth rate（成長率）是 800%。」如果你是老闆，聽到這樣的數字會有甚麼想法呢？

剛開始跟團隊報告追蹤數字的時候，看到這樣的數字還是會大吃一驚。畢竟那時的我對數字不太敏感，看到這樣的表現還是有點得意，覺得該個月的付出沒有白費心血，有滿滿的成就感。

那時的我還不知道，這是一個思考陷阱。

初創由零開始，一開始基數低，後來有如此驚人的成長是很正常。大部分初創一開始也會遇到這樣的成長曲線：一開始試驗時總有點不上不落，一找到方法就會爆炸性成長，到後來經歷平台期，成長暫緩，如果可以衝破眼前的難關就會繼續向上升，否則就會一直往下。

這是一個循環。當時的高成長率，只是一個平常不過的成長必經階段。要快速成長不難，要一直有效率地維持快速成長才難。

如果這個月的成長率是800%，那下一個月成長率要多少才合理？

想像一下，如果上月的流量才1000，成長率800%，本月流量就是9000。如果要追求成長率維持於每月800%，那一年後的流量要達到31381059609000才會達到目標。這是一個不合理的數字。

再舉一個例子，如果有間公司的每月成長率是10%，換算成一年的成長速率就是285%；若每月成長率是15%，換算成一年的成長速率就是465%。換作收入來算，如果公司月入一千美元，成長速率每月保持10%，四年後，公司的每月收入才七萬美元；但如果成長率是15%，那麼四年後的每月收入則高達二百七十萬美元。

此外，獲取「真實的數據」也不是易事。如果內部沒有明確的定義，每個部門抓數據的方式跟解讀資料庫的定義不一樣，就會造成數據落差跟盲點，我也犯過無數次這樣的錯。

由此可見，成長率之間的差異雖小，但結果卻大不同，而我們要真正追求的是真確的數據跟穩定的成長率。我曾嘗試在網上搜尋一個絕對數值來做參考指標，但都沒有明確答案，不同的初創、商業模式跟規模，都會有不同指標。我們最需要的是掌握跟判斷數字的能力，想清楚自己希望得到這些數字來做甚麼，不能被一時的成長數字沖昏頭腦，蒙蔽眼睛跟判斷力。

初創是挑戰意志的極限遊戲

在一間初創公司，從開始待到有幾百人，會經歷很多階段。很多時候我們做不了想做的事，也許只是時機不對、資源不夠，那些想做的事本身不一定是錯的，也可能在未來由對變錯。所以，初創是一個訓練自己意志力跟挑戰個人信念的地方。

開始的時候，每天都追流量，都來不及細看或回顧，做著做著，數字就倍數成長了，後來數據累積到一定程度，我們能做的也更多了，看著那些以前心裡想做但沒有時間做的事，現在終於能夠靠自己雙手和公司強大的夥伴們一步一步完成，確實讓人很感動。在很多難過或失望的時刻也請提醒自己，一切都是過程，而過程都是既痛苦又美麗，過了現在，又會有下一步。

二零一五年十一月的時候，公司只有三十人，我也是剛加入。當時看了一本書叫《大數據玩行銷》，一邊看一邊心想，這跟我手邊實際在做的事也差太遠了吧！於是我拉著大家把「想做的事」寫出來，勇往直前地去找老闆。我們跟老闆說，我們想做的行銷是這樣的，為甚麼我們沒在做？後來發現，那時候我們不是不做，只是排在後面做。後來到公司成長了，三年後好多人都一步一步往自己當初的目標進發了，縱使資源還是不足，但這幾年間，我們已默默建構出想要的道路了。

這段過程，遭遇過無數失落跟挫折時刻，例如被用戶抱怨服務不夠好，例如第一次死主機，例如遇上惡意的網絡負評，例如被誣告要上警局給口供。還記得當時只有二十二歲的我，踏入警察局前想了很多次「為甚麼」，又茫然地問警長：「這麼多罪案你不去查，要理這些莫名其妙的事？」又問自己：「為甚麼當一個打工仔也要跑警察局？」我常常問自己堅持跟放棄，哪樣比較難？我又撐得下去嗎？最後，一邊說著「人生好難」，但撐著撐著，就會撐到最後了。

五十人的不快樂或許來自目標的壓力、對未知的恐懼；五百人的不快樂或許來自溝通失衡、重複執行；五千人的不快樂或許來自螺絲釘的渺小與無力，但不同時期也都有著不同的快樂和不同的成就感。

這場遊戲，三分鐘熱度的我卻撐了三年多，意志力的表現尚算合格吧。

聽了所有意見後，還是得相信自己

不管是初創哪一個階段，都一定會試過這個情況：很多人給你意見，又或者你會去尋求很多意見。這是一個必經過程，因為一開始的時候總是很迷失，不知道自己是對是錯，而像我這種一直想太多的人，又會想多聽一些客觀建議，多尋求一些協助，多了解別人腦袋在想甚麼。

不管是各方面的專家、投資者，甚至外部合作的夥伴，他們都代表著不同的聲音，有些人甚至會主動來給你很多改善意見，又或者針對他們所見到的加以評價。我試過因為一封供應商確認信，被投資者拉著唸了兩個小時，告訴我用戶體驗的重要性；也試過被一些趨勢專家拉住，說電商已經過時，我們要趕緊追上區塊鏈跟比特幣的發展云云。

聽了很多不同意見後，會開始有點混亂，不知道孰真孰假。聽了投資者的看法後應該改變方向嗎？應該改變戰略嗎？不同聲音會一直在耳邊打轉，如果所有意見都照單全收，這艘船就會一直左搖右擺，去不到終點。

在一次「被檢討」的飯局裡，心裡突然有一把聲音叫醒我：旁人下評價很容易，也可以很片面很武斷，他們不一定掌握全貌，也可能存在資訊落差。最了解全局跟限制的，就只有你自己，你總得相信自己的產品和自己的願景。

初創階段，其中一樣很重要的是相信自己的判斷跟直覺。沒有人比你掌握更多資訊，如果連自己都不相信產品的價值，那就不要玩了。即便是 Google、Facebook、Uber 還是 Airbnb，每個產品都有很多缺點，但他們還是按自己的步伐跟優先序走到遠方。

這些經驗除了教會我分析跟消化別人的意見，還要避免自己走入主觀判斷的胡同。後來別人請我給意見，我都會有點遲疑，然後加上這句：「我沒有全盤掌握，所以可以提供的都只是片面單向的個人看法，我相信你比我更了解本身的優勢與局限。」

所以，你還是得相信自己。

「競爭」沒有你想像的可怕

初創路上，不免會碰到跟你做相似項目的競爭對手，即使不是初創，也總會遇到對手，對方甚至是大集團。在任何場合上，我其中一條常被問的問題，就是跟競爭對手的差異跟看法。

有惠康就會有百佳，有7-11就會有OK，有麥當勞就會有漢堡王，只要是資本市場，就一定存在競爭。我相信有競爭才有進步，也相信多一個對手，是可以發揮教育市場的效果。我覺得比較可以有很多不同面向，一開始看到大家的融資差距，的確有點不是味兒，但這個念頭瞬間就打消了，畢竟競爭是進步的原動力。

也許我比較豁達吧，我也說不上是如何建立出這樣的思維，但大部分人還是很在意，很擔憂。

有一次，競爭對手募了一大筆資金的消息一出，新聞報道鋪天蓋地。我本來看得很開，但剛好團隊一個新成員過了試用期，和他面談時，他問我：「我們會倒閉嗎？」我大笑了，卻很感謝他提醒了我，是時候跟團隊分享一下看法，於是我發了這樣的內部郵件：「我們也許沒有富爸爸，但我們需要的正是自己養活自己的能力。」這只是我個人的看法，絕對不是官方答案，也不是要求大家都要一起這樣想。

關於競爭：

1．我們要感謝競爭對手——如果沒有競爭對手，就代表市場不夠大、不夠需求。當愈來愈多對手加入，就代表我們挑了一個適合的項目。有 98% 的初創失敗，但我們是生還的 2%，這樣不單證明了商業模式，更協助教育市場跟投資者。

2．競爭是好事，迫使我們努力做更好，壟斷會讓人安於現狀——競爭對手除了激勵我們跑更快、做更好，還提醒我們這片藍海中，還有很多未被發掘的寶藏。

關於自我檢討：

3．重點放在「What really matters」——資源有限，但慾望是無限。要列出想達成的商業目的來排好優先序，找出重點。

4．我們需要更好的資源管理——真正要學習的是有智慧地運用資金，該花即花，確保花出去的每一筆錢都是值得的。

5．學習節流跟利潤最大化——做生意的最終目的都是賺取利潤，除了要增加收入、擴大利潤率，還要節流，減少不必要的開支。「Spend less and earn more」是你可以在這個地方學到的最重要商業課。

關於心態：

6．勿忘初衷，以及要達到的願景——每日都要提醒自己一次我們的初衷、為甚麼要開始這趟旅程、自己要達到的目標和目前的差距。

7．更重要的事情——我們要知道甚麼是重要的事情。資金是重要，但賺錢和工作環境更重要，錢不能買到忠誠客戶、快樂、人性跟成長機會。這些都靠自己創造出來。

8．保持樂觀的心——凡事都有多面向的看法，我們沒有最多的資金，但仍然有戰略投資者，而在這充滿競爭的市場裡，我們還是保持著穩定的成長。

關於團隊：

9．團隊是戰場上的最重要資產——「我們是誰」比起「我們擁有多少」更重要。

10．千里馬常有但伯樂不常有——老闆的強項未必是融資，但他卻有一顆創造機會給年輕人成長的熱心。

不管是初創還是個人成長，我覺得最重要是個人心態。要比較的是自己，怎樣讓自己存活下去、進步而不被淘汰以及做得更好，才是關鍵。

我從 Airbnb 學到的事

Airbnb 是一個重人性的地方。

我認識 Airbnb 是二零一五年的暑假，那年去歐洲畢業旅行，第一次入住瑞典的房源。那個房東是越南人，她跟我們說了很多關於她女兒的故事，讓我知道原來旅行時入住別人的家，是這麼奇妙的感覺。那次以後，每次旅行出差我大多會在 Airbnb 挑住宿，到目前為止，已住了超過八十個房源。

Airbnb 是我最喜歡的品牌，沒有之一。這幾年聽了很多關於 Airbnb 的故事，也讀了很多有關內容，甚至去美國也請人帶我參觀一趟，來一次朝聖，後來發現最喜歡 Airbnb 的原因是其人性。感謝當天接待我的 Robert，跟我分享了在這裡工作的心得，也是這趟美國之旅最大得著。

有質感跟溫度的營銷，最打動消費者

Airbnb 每個影片廣告，都是充滿質感的故事，講的是人與人之間的接觸；Airbnb 的電子郵件行銷（eDM），也是一封封充滿溫度的信件，讓你不覺得是推銷廣告，因為文案跟標題都是度身訂造；出發前的住宿提醒，也是周到貼心。在這個冷冰冰的網路世界，用充滿人性的營銷，是它打入新世代的一個主要原因，也是我開始留意這品牌的起步點。

每次住宿都是體驗人性

因為是 P2P 交易，所以每一次住宿都會遇上不同國籍、不同個性的房東，他們背後都有著不同的故事。你可能會遇到待客親切的房東，就像瑞典的越南人，會滔滔不絕分享她家的故事；也像我遇過英國一對同性戀戀人共同領養孩子，一家三口樂也融融地生活。每個房源也有個性：有些簡樸，有些重設計；有些房東熱情，有些房東很冷漠。有次越南出差被司機差點載到其他城市，房東幫我罵了他一頓，還寫了一封很長的投訴信。這些體驗，都是切切實在的經歷。

大部分沒有住過 Airbnb 的人都會擔心安全問題，這個世代人與人之間的最大隔閡是信任。我也遇過不好的房東，有朋友試過入住時被盜竊，有房源試過遇過無理住客，睡爛床還要求賠償……這些不愉快經驗，都確實反映人性的不同面貌，像 Airbnb CEO Brian Chesky 說：「這產品就是真實的人性。」

從公司設計到政策，都流露人性

整個 Airbnb 辦公室，都是根據世界各地房源而設計，有一層有幾幅畫，是頭三個開始出租房源的房東，提醒員工若沒有這幾個人，他們走不到今天。他們又有一幅很大的畫，只要在天災人禍時願意開放自己的家的房東，都會被記在這幅畫上；辦公室亦有一個小角落，記下世界各地需要幫忙的事，鼓勵員工關心社會；也有一個角落給大家寫上感謝卡，鼓勵大家抱著一顆感恩的心。

最令人嘖嘖稱奇的，是他們的用戶研究、數據分析、房東與用戶旅程都用漫畫表達，即使門外漢也一看就懂。工作上的每一個人，都愛用自己專業的角度來表達事情，沒有想過讀者或共事的人能否理解，造成合作上的盲點，Airbnb 卻連這些細節也掌握得這麼好，表達手法是從讀者角度出發，是我要學習的地方。

只有共享，才會造就最後勝利者

Airbnb 的出現，帶動很多房東有新的被動收入，也開發了很多周邊的小生意，例如清潔服務、管家服務、Keycafe 等等。創造共贏，大概就是他們得以擁有很多支持者的不可或缺因素。

不知從哪時開始，我重視一家公司的社會責任多於它的獲利能力。我知道這不是成大事的想法，但我仍然相信即使錢再多，也買不到幫助別人或傳播正面訊息帶來的快樂。之前有房東因為歧視黑人，拒絕讓其入住，Airbnb 立即發聲明關注歧視問題，並永久終止該房東的帳號。

共享價值是未來商業社會的一個趨勢，當公司變大，就有一定的社會責任，領導人的人格特質和取態可以影響社會很多事。如果可以共享價值，帶來的不只是一個光環，更可推動社會改變。

從無人認識，到來信不斷

「未來有一天，你會很自豪地把卡片發出去的。」上班第一個月，老闆這樣跟我說。

進入 KKday，錄取通知是一封簡單但又不太專業的電郵，我媽還問我會不會是騙案，畢竟我要隻身跑去異地，而且那是一個新的商業模式，市面上沒有很多。在各種場合，我都會被長輩問到：「所以你可以訂機票嗎？可以訂酒店嗎？」「所以是跟團嗎？」「你會排行程嗎？」「你是不是旅遊記者啊？」

不管是甚麼場合，大家都會問我：「到底你是在做甚麼。」那時候我還會納悶，別人說自己做 Banking，難道你又真的知道他是做甚麼嗎？不過，有機會介紹公司，讓多點人認識也是好事啦。所以，第一年，我一直重複地解釋著公司的商業邏輯，把「自介」倒背如流。

對外合作也會吃很多閉門羹，畢竟當時沒有知名度，沒有人認識，在市場還未開始嶄露頭角，這些都可以理解的。我們找了好多網絡紅人合作，一開始還要看點臉色，他們有些有架子跟脾氣，但還是要嚥下去。招聘嘛，有人願意來這家沒人認識的公司面試，已經很有誠意了，放寬心，不要對人家諸多批評。說實在，我還是很感激當初願意來破房子面試，最後還願意加入的夥伴。

家庭朋友聚會也不見得比較容易。每逢大時大節，總會聽到長輩在聊說：「不要玩太久了，趕快找個正經的工作吧。」「她嘛，剛畢業就讓她放肆一年吧。」嗯？我一直很認真工作，哪裡放肆了？

朋友間，聽著一些高薪的白領炫耀自己剛買了甚麼新款名牌包，又或是跟老闆去了哪家高級餐廳晚飯，再回頭問你一句：「啊！這樣會有前途嗎？」「初創失敗率很高吧？」「所以你薪水夠用嗎？」開始覺得自己跟他們格格不入，話題不對，又或者大家的圈子跟重視的事情已經不一樣了，於是漸漸開始缺席一些聚會。

後來，花了一些時間跟力氣，依賴團隊們的堅持跟努力，品牌開始多人認識，多了媒體曝光。我開始被邀請去不同場合，又或者業內人士都知道這個品牌或商業模式了。有很多網絡紅人會來要贊助換曝光，來面試的人會說他們是怎樣知道這個品牌，至於私人聚會嘛，就會一直被問有沒有折扣券。

再過兩年，我們打入不同層面，初創圈、旅遊圈、不同的生活圈子，甚至是大型發展商等等。我們開始不用再花唇舌來介紹自己，反而會被問及未來的計劃。很多人來信希望合作，大型電視台節目也來找我們，甚至藝人也會聽過或用過我們的服務了。很多毛遂自薦的面試者，說他們用過哪幾個產品，他們的體驗跟評價又是如何。很多沒有想過會合作的人物或品牌突然發你一個邀請信，還是會又驚又喜，我也沒想過自己有機會去不同的大公司和學校分享。在家人跟朋友聚會上，突然每個人都會說：「你很棒啊！做得不錯啊，很爽吧！」其實這份工作一點都不爽的。

不過，這些年最令我感動的，就是聽到六十多歲又或是已退休的長者都是我們的用戶。他們會來跟我說：「我去旅行的所有安排都是用你們公司的。」「我有用過你們的產品，服務很棒。」

最後，我沒有很驕傲地發卡片出去，因為卡片永遠不夠用。不過，每次演講或分享都在提醒我，我們為旅遊業創造了甚麼，這個團隊為了消費者體驗又付出了多少努力。

我們是做體驗經濟，販賣的是一份快樂。

03 出走世界 在旅途中成長

二零一六年底，公司急速擴張，我接下了拓展東南亞市場的任務，孤身上路，來回語言不通的異地，協助當地公司設立、招募，直到開始上軌道。我開始在東南亞各國來回，了解各團隊遇到的在地化困境，以及協助他們了解公司的內部流程、資源調配和未來規劃。就這樣，我開始了無止境來往機場、出入境跟飛行模式。

首次外派的第一個星期

外派跟出差不同，出差是有限期，在指定時間內要完成一些任務，比較短暫；外派是一種等待，等待階段性目標完成才可結束。

我的第一次外派是曼谷，到當地設公司、找辦公室跟招聘。剛開始來到曼谷就諸事不順，言語又不通，令我很氣餒。先是 Airbnb 房東沒回信（一年住二十次 Airbnb 的我也是第一次遇到這狀況），於是要臨時訂機場酒店，最後又因為地址有誤，找了一個多小時才找到。曼谷到處都塞車，令人心浮氣躁，又沒有公共交通工具，出入很不方便，而且一直遇到很多的士司機拒載。當晚心裡上演小劇場，抱怨自己為甚麼會答應去東南亞，又懊惱自己為甚麼沒有想像中獨立跟適應力強，此刻終於明白為甚麼老闆說外派最難適應是生活，而不是壓力。

出發之前，大家都叫我好好照顧自己，東南亞國家沒有很多善男信女，騙子很多，所以來到曼谷，我的危機感跟不安感都很強，終日都是板面愁眉。不過，我也遇到很多熱心又友善的泰國人積極施予援手，開始發現這城市的可愛跟美好。

那天找不到酒店的路，司機沒有把我丟低在路上，反而一直落車問人；

那天司機一問路，路人都會衝上前幫忙協助，提供意見；

那天到了酒店想到便利店買日用品，可是沒有貨，店員很積極幫我去問分店；

那天想到別的便利店分店但卻不懂路，旁邊的泰國女人順路就帶著我走；

那天我到食檔不想吃飯但豬腳一定要配飯，店主見我下不定主意，特意幫我準備麵線；

那天我找不到地址樣子有點呆，旁邊的泰國人都走來問還好嗎，要不要幫忙；

那天我坐的士，錢包只有大鈔，司機居然叫我直接下車不用收費。

如果沒有不安，就沒有成長。只希望接下來的自己好好加油，努力適應所有的「始料不及」，並繼續發掘東南亞的可愛跟美好。

旅行變工作？不是你想的那回事

很多熱愛旅行的人，都會對「旅遊工作」有很多幻想，想像自己可以把旅行當工作，在工作時間一直去體驗。曾經我也是這樣的人，所以才誤打誤撞進入了旅遊行業，但入行後才發現，原來當中有太多美麗的誤會。

誤會1：一定享有很多旅遊折扣優惠

大家自然覺得旅行工作一定有很多內部優惠，例如機票、酒店甚至旅行用品，都會有很多贊助商支持或補貼，不過我想澄清一下，大家實在想太多了。雖然我們是同行，但絕不會拿到很多贊助，即使彼此是合作夥伴，贊助機票酒店都只是用作行銷活動，絕不是私人享用。我們代訂也不會有特別的內部優惠，所以請不要再問我們拿折扣券優惠價了！當然，當我們累積到一定知名度，還是會有一些旅遊局或機構邀請我們出外拍攝，但試問誰又真的想出差？同事們都會「禮讓」對方，因為一想到在旅途中，要在又趕又急的行程中寫文拍片就會頭痛，所以絕對不是想像中拿正牌去玩。

誤會2：邊旅行邊工作很歎

看到旅行工作的人一直上傳旅行照，大概你會覺得只需到不同地方飽覽天下，搜羅最棒的東西就完成任務了。真實情況是除了在飛機的時間，你都要一直檢查訊息，到埗後立即查看群組，開始旅程後又要跑景點，又要拍影片，又要發帖文，又要同步直播，萬一遇到天氣差，還要到處找照片或擇日重拍。你還要帶著很多相機、手牌去旅行，甚至至當地的便利店也不放過，有同事試過買好多零食，只是為了拍試食。

慣了在旅程中一直寫文剪片，還要強逼旅伴參與自己的工作，到了現在，即使真的去旅行，希望放鬆減壓，但還是忍不住職業病發，腦裡都是跟工作相關的事。漸漸地，連旅行都變得沒有療癒效用了。你以為旅行工作很爽，其實背後付出很累的代價啊！

誤會3：工作時間非常彈性又自由

其實旅行工作者也有基本的上班時間跟假期，雖然不用上班打卡，也沒有老闆坐在旁邊督促，感覺上很輕鬆自在，但事實是你的客人跟同事來自世界各地，沒有了時區的隔閡，遇到突發事件你還是立即要處理，包括巴黎恐襲、泰王逝世、新西蘭地震、台灣颱風，作為對顧客負責的人，一定要很快處理及提出相應措施，沒有所謂的「過了上班時間就與我無關」，哪管你身處的時區已是深夜。再者，下班後或週末時，同事們都需要處理很多公事，所以除了睡覺以外，你還是要回覆緊急訊息及郵件。

印象最深刻一次，是我在芬蘭旅行的時候，要凌晨四點爬起床參與重要會議。正因為沒有人在旁督促，你更要培養很強的自我管理、解難及抗壓能力，在沒人監視的情況下自律地把工作完成。

誤會4：內行人一定掌握最新資訊

如果你身邊有旅行工作者，在籌備旅行時肯定會想起他們吧？身邊的人都會因為我是做旅行相關工作，出發前把我當成人肉搜尋器，問我一大堆問題：「歐洲現在天氣怎樣？」「哪家航空公司可以去南非？」「有保證看到極光的方法嗎？」「韓國有甚麼新餐廳？」抱歉，內行人不是Google，其實我們無法給予你最快最新的旅遊資訊，而且，旅行工作的範疇很廣泛很多元化，即使我們工作，也未必需要熟知世界各地的最新情報。再者，旅行是一件很個人的事，大家喜好不一，別人的意見也未必適合你，所以我們不一定理解你對旅程的期待，安排旅行的話，還是自己做功課最妥貼。

誤會5：喜歡旅行，就會適合旅行工作

很多面試者自我介紹時，都會說自己熱愛旅遊、去過多少國家、旅遊帶給他們甚麼看法，但我的回答是：「你喜歡旅遊，不一定適合旅遊工作。」

大家對旅行工作存有太多誤解了。沒有公司會出薪水請你來玩，作為一個旅遊工作者，除了對旅遊資訊、行情都要很熟悉，你也需要有自己的專業。所說的專業不單是搜集資料、寫遊記、拍美照就可以，對旅行工作者來說，這些技能都是基本，只要有Google跟手機就做到，當然拍得好不好、寫得好不好或資料是否深入另作別論。我所說的專業，是要擁有某些過人的技能，例如有同事是出書的作者，有的是SEO專家，有的

數字觸覺敏銳，有的很會拍片，影片瀏覽次數都過幾十萬，又會好幾種語言，有的則有出色的談判技巧等等等等。老實說，我覺得身邊的同事們都身懷幾項技能，臥虎藏龍，並非只是熱愛旅行。

話雖如此，當初加入這行業，是為了讓自己一邊旅行一邊學習，這個初衷從沒有動搖跟改變。每份工作都有自己的辛酸、不如意的地方。在澄清各種誤會以後，我還是很喜歡旅行工作，仍然慶幸能把興趣當成工作，在經歷職場洗禮的同時，也在走向世界的步伐中成長。

我的長期出差體質

長期出差的生活，大概是怎樣？

1．身體會響警號

由於常坐飛機的關係，體質會開始變差，出現很疲勞的情況。飛機空間少人很多，很容易讓細菌傳播，而且常在不同的溫差下生活，皮膚也不能即時適應，出現膚質變差的狀況。我也曾經因為未能適應東南亞的水質及洗頭用品，有掉髮及頭皮敏感的問題。

2．睡眠質素下降

坐飛機其實很難去控制時間，畢竟航班時間、飛行時間都不穩定，還常常出現延誤，慢慢地，生活會開始日夜顛倒，加上在飛機裡沒事做就會閉目養神，但在飛機入睡的睡眠質素都很差，回家後又會難以入眠。我試過一段長時間被失眠問題困擾，第二天早上還要撐起精神工作，真的很痛苦。

3．職業病

因為常去指定地方出差，所以規劃旅行時，目的地會漸漸剔除這些地方，以致選擇一直減少。最近一年的長假期特別是新年，我都情願待在家裡不出去。而且如前面所說，真正的旅行假期已不能令我放鬆了。

4．收拾行李技術高超

托運行李的話，要在行李帶等太久，出亂子風險也會增加（試過在越南機場丟了行李）。為了節省時間，我都盡量手提行李跟身，試過出差二十日也可以用一個手提行李箱搞定。我很喜歡買某連鎖用品店的紙內褲，很方便好用，亦喜歡所有不用燙的衣服，又很慶幸一直出差的地方都是熱帶國家。

5．生理期「不再困擾」

以前的生理期是煎熬，試過發燒、嘔吐，甚至抽筋，坐在地上沒法走路，但當你出差以後，分秒必爭，又不能請假，只能吃粒藥丸、多喝杯熱水就撐過去，甚至當你痛到站不起來時，穿上高跟鞋後還是可以健步如飛。

6．時空錯亂

出差三、四天的行程都會住酒店，但由於出差太頻繁，每次在酒店升降機都有點精神恍惚，有點時空錯亂的感覺，想不起今次住哪一層，又忘了哪一層才是出口。如果長待的話，我還是比較喜歡住Airbnb，雖然跟房東敲定入住時還是有點麻煩，但有時候就覺得有個小廚房，感覺沒有那麼冰冷，即使我從來沒有煮過一頓飯。

7．手機存了幾個國家的叫車號碼

每次坐紅眼班機或清晨班機，都會先預約機場的士，司機都習慣我在車裡呼呼大睡，還每次祝我工作順利、一路順風。上次在台北去機場的路上，司機還笑我：「梁小姐居然今天沒有宿醉啊？」

8．享受飛行的獨處時間

我其實很享受在機上不能與外界連繫的時間，可以專注做很多事。我習慣帶上雜誌、書本，還有在機上寫文章，時間好快就會過去。有時候，在機上也會寫寫自我反省或是新構想的筆記，因此家裡有很多寫滿字的嘔吐袋。在機上沒有外界打擾，跟自己獨處時的心情是挺平靜的。

9．錢包裡有很多電話卡

一開始我沒有丟電話卡的習慣，都通通放在錢包裡，擔心自己下次出差會用到。後來有一次我的錢包丟失了，報失後去警局認領，警察看到我有十多張電話卡，忍不住懷疑我是不是一直換身分的犯罪集團成員，害我以後都不敢這樣做了。

長期出差是有點奔波，但習慣就好了。

外派最大壓力是生活

我一直以為自己也算是一個獨立或適應力強的人，反正就是對生活質素不算執著，可以天生天養。在答應外派之前，我確實沒有想太多關於生活的事，心裡只是覺得逃離香港就好，又可以體驗外國生活，這不正是自己一直嚮往的事嗎？

那時候的我，實在太高估自己，忘了自己在芬蘭交換僅一個月已經暴瘦十磅的事情。

剛到東南亞國家，人生路不熟，語言不通，覺得司機會繞路，或是不知道自己會被車去哪兒。的士司機脾氣也沒有很好，不夠幾句雞同鴨講就會拒載。對交通工具不熟悉，連走在路上也會提心吊膽，生怕有人衝出來搶劫。我以前是不敢坐電單車的，但當你發現自己趕時間而路上一直塞車，你只好硬著頭皮坐上去——是真的硬著頭皮啊，因為你還要戴頭盔，每當想到有其他汗流浹背的人用過同一個頭盔，我就會感到毛骨悚然。

食物方面，不知是不是心理錯覺，永遠都覺得外地的水有種怪味，一開始還會有些水土不服，每餐都拉肚子。時而在馬來西亞吃著重口味的椰漿飯，時而在越南吃清菜白肉，時而在菲律賓吃炸雞，有好多時都會想念有湯水的日子，或是想念咖喱魚蛋燒賣甚至麻辣米線。香港真的是美食天堂啊。

日常生活也不容易，無論換多少次，當地洗頭水還是害我一直掉髮，天氣變化又會令皮膚發炎，還有洗衣、除蚊、滅蟲，都是難題。我不是不會做，而是到了便利店指手劃腳一輪，甚至出動翻譯都不一定找到所需物品。生理期時，買衛生棉已夠煩了，一開始更不知道質料參差，好容易敏感，還要處理經痛，去藥房配藥又是另一場龍爭虎鬥。

說說娛樂，人生路不熟，週末應該去哪兒？找同事們去玩又好像打擾別人生活，但自己又沒有時間去建立新圈子（始終我不會留很久）。我試過在曼谷上泰拳課泰文課，試過在越南做指甲，試過一個人看電影（但最後覺得不如回家看 Netflix 吧），最後還是去咖啡廳工作最好。幾杯咖啡、一本書、一部電腦，就陪伴我渡過無數週末了。

慣了工作，就忘了生活，那些渾渾噩噩的日子，瞬間就過去了。不得不說，真感恩我媽沒有把我當公主養，反正我現在還沒穿沒爛，坐車可以跟司機討價還價，拉肚子習慣了就當清腸胃，個人護理品就盡量自備，其他則順其自然，聽天由命。

在外面特別難熬的日子

「一個女孩子長期在外面會孤單嗎？」如果我說從來都沒有，一定是騙你的，特別是我骨子裡有一種多愁善感的特質。

雖然大部分時間我很享受一個人生活，又或跟自己對話，但就算再獨立的人都會有低潮，總有些時刻會有快撐不住的感覺。

日常出差，我對於「食」沒甚麼堅持（先補充：我有一半時間都會忘記吃飯），可是有這麼的一次，在曼谷出差卻碰上腸胃炎。身體本來已經很虛弱，下班後打算買個外帶便當就回去繼續工作，卻發現要找一個可以買粥或清淡菜式的餐廳一點也不容易。我找遍整個商場，到處都是賣那些重口味食物的餐廳。我忘了為甚麼那天特別晚下班，而泰國的餐廳大多在九點就關門，最後我甚麼也買不到，拖著又累又虛的身體回去，沒有吃飯，沒有再吃藥，也沒有再工作，只是默默躺在床上生悶氣。在外面生病的時間是特別難熬的，萬念俱灰時還會想：如果我病死異鄉，會不會無人發現呢？

另一個問題是「斷六親」。長大以後，一大班人的朋友聚會不是易事，大概要幾個月前預先約好，不過，長期不知接下來的時間表安排，讓我再不敢答應任何邀約，漸漸地，我沒有再出現在朋友聚會上，或是再出現時，已經追不上大家的進度跟話題，大家就漸行漸遠，畢竟友誼是需要維繫的。有一次好朋友失戀，吵著要喝酒聚首，我人卻在東南亞，沒法出現。朋友這回事是減法，見一面少一面，你永遠不知道哪一次再見之後大家就再也不見。不過，依然有些朋友還是會把你記在心上，大合照時加上你的超醜貼圖，讓你會心微笑。

有時候生活遇到挫折，還是會很想像從前一樣躲回長輩的懷裡撒嬌，但漸漸地，你發現自己已反過來變成他們依賴的對象，你便知道你已經不再是他們眼中的小屁孩了。你要學會堅強，學會強壯。有一次在外面，手機傳來我爸的訊息：「女，你在哪？有事想跟你商量！」我二話不說打去問他，才知道他身體出狀況，懷疑自己癌症復發，想在檢查前先跟我討論一下萬一出事的安排。那時候我憂心不已，想立刻回家但也於事無補，卻又擔心他的狀況。當知道家人有事，但你卻遠在千里的心情，是特別難過的。我在書店看到一本書，卻一直沒有購買，那是《面對父母老去的勇氣》，主要描繪不同人在面對父母老去跟生病時的心情。每次打開看看幾句，心情就會變得好沉重，我想我還是不想承認父母真的在變老的事實。

有些低潮期，或是壓力大、瀕臨崩潰的日子，想喝酒解愁卻沒有朋友在旁，的確有點寂寞又無助。我試過跑去當地的中式餐館吃愛吃的湯包，或是去吃一個網紅甜品，寫寫日記，發發IG廢文，甚至在便利店買啤酒回家看那些催淚電影，還有一個比較奇怪的就是看「小丸子語錄」，找些安慰。

在那些難過的日子，最不能做的事是把自己當成悲劇主角。沒有人有興趣看你的笑話，給自己一個難過的限期（通常我給自己一晚），過了，一覺醒來又是一條好漢。

我會懷念那些奇遇

二零一九年第一季完結，我完成了離職前最後一次東南亞出差，我也數不清這幾年在這幾個地方留下了多少腳毛。在登機前突然百般滋味在心頭，想起當年第一次隻身出差探索的忐忑，想起那些在紅眼班機半睡半醒的狀態，也想起了很多來來往往的片段。

當年第一次到泰國出差，天還未光就抵埗，卻找不到酒店，的士司機帶著我到處問日出而作的路人，大家都衝上來幫忙，指手劃腳找路，那一刻有點溫暖，覺得泰國人還是很友善熱情，最後訂了一間殘舊得可怕的賓館。睡醒後，就去找 Coworking space，塞車把心急的我迫到抓狂，還有被騙去一個荒蕪的工場，說成是辦公室，但方圓百里也不像有任何公司或辦公人士。我默默拉出手機搜尋泰國緊急報警的熱線，再冷靜地佯裝作病，立刻逃跑。

第一次出差去越南，半夜被司機放在公路上，沒有網絡，迷失又無助。突然有電單車經過，於是請求他幫忙打給房東，房東叫他載我到目的地。在猶豫之際，我只好咬住「大無畏」三個字坐上車，好險最後還是找到了。翌日早上，驚魂未定的我走出去，看見繁忙市場裡「無掩雞籠」、「雞飛狗走」（在越南市場賣的活雞是真的「走地雞」），我跟牠們四目交投的時候，就明白了「工作一回事，生活又是另一回事」。

又有好幾次叫車 App 定位出錯，差一點被載去別的城市，幸好發現車路跟平日有點不一樣，馬上用地圖定位檢查，又在手無寸鐵的情況下跟司機指手劃腳，大家亂七八糟一輪後還要被額外收費。幸好最後都有驚無險，而這些都是訓練自己變得機警的養分，當你多遇幾次就不會再大驚小怪，以後面對再莫名其妙的事情也可以氣定神閒。

還有那時候去馬來西亞，愛唸的同事一直叮嚀路上好危險，叫我不要到處跑，隨時都可能遇上搶劫，但老實說，當地除了食物口味太重會肚痛之外，我覺得一切還好。聽到我要去菲律賓跟印尼，比較擔心的反而是身邊的人，一直怕有安全問題，但到埗之後就會覺得一切都是大家誇張了，東南亞都比我們想像中先進跟繁華（當然也可能因為我來回地點只有機場／公司／酒店，所以感覺良好），反而那時候在巴黎地鐵聽到的搶劫尖叫聲來得還可怕。

無數的紅眼班機跟來回機場的路上，以及每趟去酒店又驚又險的探索中，各國的生活跟文化漸漸變成我日常生活的一部分。當日如果沒有發展東南亞這個誘因，怕悶的我想必在二零一六年已經做膩了，離開公司，幸好老闆當時問我有沒有興趣拓展新市場，我才留下繼續這趟旅程。謝謝老闆給我這個挑戰，讓我發掘了很多潛力，擴闊了很多視野，累積了很多人脈，也存了很多關於東南亞的文章。兩年多後的今日，我仍被同事取笑是一個合格又地道的「東南亞小公主」，可以用當地口音跟司機閒聊，又可以找到想吃的餐廳，又知道哪些是商機。

不知道以後的我還會不會在這些地方穿梭，但小公主以後一定會想念在這片土地有過的笑與淚。

菲律賓小故事：你不樂觀，還可以怎樣？

有次從菲律賓回來，臨走前的晚上大伙兒一起聚餐，歡笑聲此起彼落，飯後慶生又有一班人跟你唱歌跳舞。離開餐廳後，我們才情橫溢的設計師給了我一個熱情的擁抱，說一句「see you soon」後就跳上車。我看她純熟地打開車尾箱，就跳了上去。那是五人車，卻坐了足足八至十人。我瞪大眼，其他同事跟我說：「啊，是哦，因為她個子比較小，所以拼車回家要坐後座，這很普遍啦，大概擠兩小時多就會到家了。」塞車都算了，這樣擠車真的不容易啊，不得不佩服她每天都這樣上下班。

我出差的其中一個主要任務，是了解團隊的困難跟提供協助。那一次，我如常跟團隊做了一次單獨面談，嘗試了解一下他們有沒有遇到甚麼問題或困惑的地方，又或是給他們一個出口去吐一下苦水。出奇的是，他們的答案總是：「I am happy!」「Everything is good here!」

很少人會直接這樣說，所以我也心存懷疑，但再看看他們，真的每天都是開開心心、面帶笑容來上班。他們都會比上班時間早到公司，也會在辦公室留到很晚。給他們任務或挑戰時，他們總是樂天回你一句「Okay」，無論主管、同級或部屬都如是。

我跟同行的台灣人跟香港人說起：「是甚麼造就他們這種樂天的性格呢？」我想大概是生活逼人吧。他們本身的生活已經充滿無奈，如果你不樂觀，還可以怎樣？政府貪污腐化，你不樂觀，還可以怎樣？買一棵菜也很難，你不樂觀，還可以怎樣？（菲律賓人飲食習慣是多肉無菜，平均壽命只有五十至六十歲）塞車嚴重，上下班要四個多小時，而且還要擠在小小的車廂裡，你不樂觀，還可以怎樣？

與其抱怨生活，不如換個角度看事情，有些事情不一定可以改變，但你不樂觀，還可以怎樣？如果跨國公司想請人才，我挺推薦菲律賓人。他們有IT、有英文好的編輯、有設計師、有剪片高手，他們不一定比香港人台灣人事業心重，但工作效能也很不錯。最重要是，他們的態度都很好。

泰國小插曲：耐性是這樣練成的

從小在「小明幾乎跑得快過火車」的香港成長，習慣了急速的生活節奏，養成了急躁的個性，在最短時間做最多事，是一種理所當然的生活模式。

二零一五年我去了英國當交換生，當時最大的挑戰是學習慢活。英國人的生活節奏跟香港有鮮明的對比。在英國，在草地享用沙律午餐，在餐廳點杯咖啡，然後閱讀一整天是他們的生活態度。很記得有一次在一家餐廳心急地點個早午餐，店員卻給我一個很惡的眼光，再說：「Please slow down!」那時真的有把我嚇倒，不過也提醒我要去尊重其他地方的文化。

在台灣生活也能學習慢活，至少可以多花時間欣賞過程，還有一些美好事物。在泰國生活呢？不是讓你學習慢活，而是學習提高自己的容忍程度，學習忍耐，學習等待。

在泰國上班的時候，我問自己最多的問題是：「我的人生到底浪費了多少時間在塞車上？」

如果要去的地方附近沒有 BTS 跟 MRT，我就真的要哭了。曼谷平均坐車的時間最少三十分鐘。深呼吸，莫生氣。常被人問道，東南亞的工作文化是怎樣的？我最常分享的一個例子就是：「永遠不要相信泰國人的 5 minutes！」初來報到的時候，不論是員工上班或是外部會議都有嚴重的遲到問題，他們常常說再等五分鐘就會到了，但相信我，「五分鐘」只是一句句子，沒有表達真實時間的意思。

最離譜一次是「五分鐘」後，我等了足足三小時。一開始真的挺生氣，但久而久之，你也沒辦法，因為遲到就是他們的文化。他們永遠有「交通問題」，你只好學習忍耐，學習等待，也學習在抓狂的時候深呼吸，莫生氣。

我在泰國大概留了三個月，覺得自己忍耐力提升了，至少後來在家裡等人修 WiFi，工作人員遲到個半小時，我也只是翻了一百個白眼，然後就去看書寫文章（就是寫了這篇碎碎念文，而沒有 WiFi 的我，在等待時間還能找事做，我也覺得厲害）。

印尼小奇聞：不是在拍電影啊！

這次要說一個聽回來的印尼出差故事。

每次出差填寫入境表，有些人很習慣把入境目的填作「旅遊」，一來貪方便，二來是不太了解每個國家對於「Business Travel」的法規。這種做法的確是有點走灰色地帶，但已經夠忙的你，實在沒法再花心思研究這些細節。

就那一次，友人出差印尼，進行季度定期檢討會。他剛剛在新加坡參加完論壇，上台演講，穿得西裝筆挺，後來在雅加達機場入境時，被海關人員問話：

「你穿西裝囉？」

「是的，剛剛在新加坡完成活動。」

「你來的目的是甚麼？」

「我來看一下朋友啊。」

「甚麼朋友？怎樣認識？印尼人嗎？」

「Yes, we used to work together.」

「哦？Work？所以是 Business Visa 囉？」

「不不不，我不是來工作，我是來跟他碰面啊！」

接著，入境人員就手指著他，陰險地奸笑說：「你剛剛說了 Work，快去排 Business Visa 吧，哈哈！」然後，友人才發現 Business Visa 要多付五十美金。他狠狠地說一下幹話，恨自己為甚麼穿得這麼正式，又恨自己提了一個 Work 字，就心有不甘地掏出銀包來了。

又有另一次，同樣是印尼，這次他是去面對即將遣散的同仁。

那個被遣散的印尼同事扣押了公司電腦不願交還，要友人親自把她最後一個月的薪水跟遣散費，以現金帶去面交，一手交錢，一手交電腦（雖然不太理解她的邏輯，不過也不要嘗試理解一個被解僱的人的邏輯）。友人戰戰兢兢地提著裝有過千萬印尼盾現金的皮箱，跟那位同事約在一個繁忙的商場中心見面和「交易」。雙方各自帶著同伴，在身後的咖啡廳「監視」著過程，一個數鈔票，一個檢查電腦（註：印尼鈔票最大面值只有 100000）。

每次他分享這次經歷，都形容自己以生命犯險，好像在拍攝甚麼警匪電影似的。他形容自己當時又驚又怕，手心冒汗但要裝作冷靜，既要感謝眼前那位同事的付出，又不能觸動她的情緒。每次想到這個畫面，我們都忍不住大笑。

因為聽他形容印尼都是一些奇怪經歷，加上其他初創圈朋友也一直提醒我要小心點，所以到後來我第一次出差印尼，我心裡也難免有點擔憂，傳了訊息跟友人說：「我明天要去雅加達，希望不要遇到你那些騎呢怪事。」他回我：「每次提到印尼，還是猶有餘悸。」

雖然如此，這次出差其實挺順利，除了當地同事一直叮囑不能在路上隨便攔車、塞車情況比較嚴重（但待久了曼谷跟馬尼拉，還是會習慣）、路面狀況比較亂，一切還是比想像中先進發達，也有很多可發展的機會點，而且雅加達機場有女性通道，餐廳也很好吃，這些都是出乎意料的驚喜。

耳聽不真，眼見不實，用心感受

「甚麼？你要去東南亞？」「很落後吧？」「都很髒吧？」「治安很差吧？」「會不會很危險啊？」「聽說泰國人很懶惰啊？」「聽說那邊的人都很狡猾啊！」身邊的人知道我要待在東南亞後，都一直問我這幾條問題。

不知道是甚麼的錯覺影響，大家都覺得東南亞就是一個教育水平不足、落後的地區；也不知道是怎樣的想像，讓大家以為那邊就是一個槍林彈雨、到處搶劫、治安很差的地方。應該是因為媒體渲染或電影取材吧，關於犯罪的電影都發生於金三角，令大家直覺這地方就是罪惡溫床。

「有人陪你出差嗎？」家人總愛問這句。養兒一百歲，長憂九十九，再加上是女生的關係吧，覺得我弱不禁風，一介女流在外邊會很危險，但我都會笑說：「欸我當年可是有學過跆拳道的，而且你們哪來的錯覺，覺得我可以帶上一個保安上班呢？」

外派東南亞前，我都沒有去過菲律賓跟印尼。當每個人都提醒你要小心安全的時候，我也會忍不住戴有色眼鏡看這些地方，想像這地方又亂又落後又可怕。出發前，既期待又怕受傷害。

當到埗以後，踏入城中心商業區我就開始為自己的井底思想感到慚愧。高樓大廈鼎立，穿著大方得體的商人比比皆是，一切都比想像中發達先進多了。很多外資或中資公司都有派員在這些地方發展，所以精通中英文或各地語言琅琅上口的人，都比想像中多。

大家沒有看到的是東南亞經濟增長迅速的數字，初創、數位經濟、文化產業、電商物流都在那邊發展蓬勃，遍地開花。當全球各地受到中美貿易戰影響、經濟急轉直下時，唯一沒有受到經濟寒冬影響的就是東南亞跟印度市場。

先不說他們的電子商務、生物科技、電子支付等都比港台走得更前，當地人和我們想像中也完全不一樣。那些受高等教育或是外國回流的年輕人，都充滿想法跟熱情，他們會雀躍地告訴你對未來經濟發展的看法，又或是他們野心勃勃成大業的夢想。

大家認知的東南亞人跟我遇到的都很不一樣，大家口中的東南亞人聽起來都不可靠，壞人很多，但難道香港就沒有嗎？香港人喜歡標籤，喜歡批評，但世上不同角落都有不同種族的人在做丟臉的事，例如也有香港人在台灣偷鮑魚、在日本被趕絕，作為「一份子」的你又喜歡被標籤為同類嗎？各地有不同的人，凡事沒有絕對，也有很多另外，總不能一竹篙打一船人。

當然，我也聽過朋友憶述自己在馬尼拉街頭惹事而被揍的故事，但所謂的流傳都只是流傳而已，只有用眼觀察，用心感受，才能意會到這些地方的真正味道。

一個亞洲，千萬種職場文化

當公司愈來愈多不同國籍跟背景的人加入，就會發現愈來愈多跨文化的有趣事例。有些國家的人直接，有些比較含蓄，也有些習慣衝突管理，這些都只是文化差異，沒有對或錯的表達方式或工作文化。

起初上班時，單是看信件已經足以令我崩潰——總是收到長長電郵，一直沒法很快搞清對方想表達的重點是甚麼，後來發現這是因為大家的職場文化有點不一樣。日本人的信件都總有很多客氣的敬語，台灣的思考邏輯是透過「起承轉合」來交代事情緣由，重點都放在最後，兩者都跟香港的「論點（重點）、闡述、論據」不一樣。關於跨文化的職場，這只是其中一個例子。

多走了幾個不同國家，又會發現愈來愈多有趣的事情，例如日本人都以準時聞名，但東南亞人卻習慣性遲到；台灣人重視人情溫度，韓國人重視效率速度；在日本拜訪客戶除了要預留比較長的時間外，還要預備晚上應酬的飯局，幾次來回見面才可促成一個案子，在新加坡一天卻可排八個會議（是的，我真的試過！），而最快一次達成共識跟落實下一步動作，前後只需五分鐘。

而東南亞職場確實是 Work-life balance 做得很徹底，大部分辦公室八點前就會關燈，而在日韓，工作到深夜的初創很多，偶爾半夜還會收到來信，很難兼顧工作跟生活品質。

在同一片土地（亞洲算是吧？）上，不同的人有不一樣的工作方式跟習慣，但很多時候，我們都會把自己的習慣當成理所當然，所以對其他人「不一樣」的舉動會覺得很衝擊。出去繞一圈，就會發現每個地方或每個人都有自身的文化特色，所謂的國際觀或世界觀，就是從中學會尊重跟同理心。能夠在跨文化中移動跟適應，就是我們最應該學習的一課。

各國主管教我的事

不管是跟大家聊天、出去分享，或是接受訪問的時候，大家都會困惑我一個人要怎麼管理幾個不同的市場。

我都回答說我很幸運，因為這幾個市場的領導都很優秀。他們都獨當一面，讓人放心。他們不需要我，也可以自己照顧自己的市場。

雖然表面上我是他們的主管，但因為每個市場的文化、語言不一樣，消費者行為、行銷管道、市場需求亦有差異，我沒可能對所有市場都運籌帷幄，能做到其實有限，就只可爭取資源、引發聯想跟討論、給予授權支持，以及分享一些成功失敗的經驗。

有人問過我，東南亞人工作是不是都懶洋洋的？如果你以香港人瘋狂的超長工時為標準，那的確是沒法比較，不過，他們每個人的工作態度我也很欣賞。可以跟不同文化的團隊合作和學習，了解他們的工作習慣，是一個很好的經驗。

「山不轉路轉，路不轉人轉」，這是馬來西亞的 Country Head 跟我說的話，如果改變不了大局勢，那就改變自己心態，調節適應。這位 Country Head 很有責任感，又刻苦耐勞，總是把所有事情都扛在身上，唯一讓人擔心的是他對所有事情都太著緊不放手，會累死自己。有時候，大家會抱怨為甚麼馬來西亞團隊講話都這麼倔強。馬來西亞人的直率，也許會讓人不舒服，但他們的直來直往也是為了解決問題。當你和他們認真相處後，你會知道這只是他們習慣的表達方式。不修飾、說重點，是馬來西亞人的處事方法。

泰國的 Country head 是我這輩子見過最正面最善良的人，當我們在抱怨一些內部問題時，他都保持著樂觀和感恩的心，在他身上永遠看不見任何負能量。他總是積極地面對所有問題，在團隊／我最低落時，也是擔當鼓勵的角色。泰國團隊的積極正面工作態度，也許讓人覺得很離地，例如我跟當地合作伙伴見面時，他們總會超級熱情地給我擁抱、欣賞跟鼓勵，讓我受寵若驚，但和正面的人一起相處和努力，十分愉快。

越南 Country Head 的擇善固執，是我最欣賞的地方。她對「做好事情」的堅持不分範圍，覺得事情就是要從基本、從開始、從底部做好。她據理力爭，以最大成效為前題。不是每個人都願意把問題的重心從基本挑出來，但她可以打破部門局限，點中要害，只要是合理正確，她都堅持。越南人給我的感覺就是比較堅持，但他們對於「做好」都有一份執著，絕不馬虎。（越南團隊都是女生，是比較慢熱的文青型，跟其他國家不一樣。我問同事可否平衡男女比例，他說男生們都跑去當叫車司機了，那樣比較好賺。）

"Alone we can do so little, together we can do so much." 帶著幾個市場急速成長，過程中他們教會我去信任團隊成員，也要好好發掘每個團隊的優點跟特性。

穿上別人的鞋子

要拓展新市場，其中一個要克服的困難是「在地化」。我們沒有一本天書走到底，也不會有一條方程式可走天下，很難用同一個方法放在不同市場都有效。不像歐美有共通語言，有相似文化，在地域擴張上比較輕鬆，亞洲市場單是語言跟文化就大相徑庭，所以要在亞洲各地擴展市場，絕對不是易事。

亞洲各國的發展也不一樣，有發展一日千里的日韓，也有發展中的後起之秀東南亞。當日韓用戶重視網絡跟個人資料安全，東南亞的用戶已經直接跳過電腦桌面系統，使用手機，更關注的是速度。含蓄跟重視私隱的日本人不愛社交媒體，但對於電子郵件行銷卻受落，開信率是全球之冠；泰國人不愛看信，但卻是重度社交媒體使用者，Facebook、IG、Twitter、TikTok 無一不通。

單是優化不同國家的用戶體驗已經不容易，還要分析各國的用戶特性跟行為。如果要做一個新市場的 To C（To customers）行銷，一定要充滿彈性跟同理心，能夠「穿上別人的鞋子」、換個腦袋才可以設計打動到他們的策略。

我們策劃過好幾個國家的開站記者會，發現單是媒體跟客戶已經很不一樣。舉個例，泰國記者會的用色都比其他國家鮮艷活潑，記者最關注的問題是客服，電話熱線絕不能少。而越南媒體最關注支付方式，他們不習慣使用信用卡（舊有貪污問題，加上共產國家，比較信任現金流通），希望可以提供更多不一樣的支付方式。新加坡媒體比較重視門面，所以場地佈置都要大方新穎，最好有眼前一亮的感覺。

再來是對外合作，日韓公司要設在中心區域，因為這是公司的門面，如果你的地址非市中心，外部廠商或許不屑一顧。新加坡的見面地點則在哪裡都好，因為對外開會都會約在附近咖啡室。

我們知道在地化很重要，但是跟公司核心價值之間，應該如何取捨？我們都很心急想打開市場，想攻破所有機會點，但如果同一時間打開各地金流體系（Local Payment Gateway Intergration）或是改變網站介面（Website UI），會造成內部矛盾及資源拉鋸，因此，公司還是需要建立「不變大原則」跟「可變的領域」，再排出優先序。

不過，要開拓市場，最需要的是摒棄成見，用心感受新市場給你的資訊，理解當地的使用習慣跟價值觀，才可以制定出因地制宜的拓展策略。

別看小自己的感染力

過去兩年應該出席了逾二十個不同演講場合。我必須承認我並非一個好的演講者。我第一次正式的公開演講，應該是為自己創業時做 Pitching。記得那時候的我戰戰兢兢，雖然以前有表演的經驗，但畢竟是公開又正式的場合，還是有點怯，所以翻看了很多網絡資料跟參考。當日評判給我的評價是「很有感染力」。

在團隊的努力下，KKday 開始變得比較為人所知，繼而被邀請出席很多不同的演講場合。一開始我抱著幫朋友撐場面的心態，但每一次都會檢討覺得自己講得不夠好的地方，例如用字不夠細膩，又或者內容太誠實直接。有次約了我中學的啟蒙老師吃飯，我跟老師說，其實我沒大家想像中習慣站在鎂光燈下，她提醒我：「不是每個人都有這樣的機會，既然它來到你眼前，你何不好好發揮你的感染力呢？」

在香港經歷了多場中英文的演講訓練後，有次我們收到代表亞洲旅遊初創到荷蘭國際旅遊盛會的邀請。雖然得到的是一份認同，但我還是擔心自己的英文不夠流利，或資歷太淺會失禮於人前。

當我們用非母語分享或溝通，總是很再意別人或當地人怎樣想、會不會被嘲笑，哪怕我也是一直厚顏無恥地用半咸不淡的國語跟同事溝通（不過三年之間，普通話真的進步神速）。「只要敢講，就一定會進步。」，我還是懶理別人目光，依舊用我手舞足蹈跟富有幽默感的諧星作風，走上了日本、泰國、新加坡、台灣甚至阿姆斯特丹的舞台了

我從沒想過自己有機會登上世界各地不同的演講台跟報章雜誌，在國際舞台上分享這個急速成長的故事，還是覺得很驕傲、很不容易，可讓世界看見這個努力建立的品牌。

除了初創，「追隨自己勇氣跟熱情」也是另一個常被邀請分享的題目。我慢慢收到很多人來信或PM，說聽過我分享或看過我的文章後，坐言起行改變人生，各地也有面試者說因為被我的分享感動而來投考。其實我很驚訝，原來我不自覺影響了一些人，默默發揮了一些正面影響。

分享的力量其實很大。跨出去，只是需要多一點點的勇氣。

看大世界後，學會感恩

「為甚麼喜歡跑出去？」「因為每趟旅程都在提醒我，世界很大，人很渺小。」
「去了這麼多國家，有甚麼感悟嗎？」「我想最大的感悟是，更加懂得感恩。」

我不敢說自己去過很多地方，畢竟地球上還有很多城市還未有我的足印。我想在未來的日子出發流浪，不是為了在護照蓋滿入境章，而是希望自己的視野可以更闊，發掘更多未知跟可能性。

「城外的人想衝進去，城裡的人想逃出來。」我們都想過要逃離這個城市，對它絕望過、灰心過，但如果把眼光放到世界，又會發現哪裡沒有問題呢？哪裡是樂土呢？泰國跟菲律賓的政治不穩，動亂頻生，生靈塗炭。印尼和越南連基建都要過五年才完成，而且賦稅沉重，是經濟成長的隱憂。新加坡一切都完善發達，但繁華背後就是專政霸權。馬來西亞的華人在經濟地位上一直處於劣勢，馬國政府的保護政策就像是跟你說：「人與生俱來就不是平等。」

再看遠一點，北歐五國堪稱最快樂的國土，福利完善，但賦稅壓力巨大，勞動階層沒有向上爬的動力，經濟衰退正是當地的隱憂。制度完善，卻令他們無慾無求，難以找到生存意義和自己的存在價值，加上冬天嚴寒，白晝極短，沒有朝氣的城市令人容易多愁善感，也是他們自殺率高企的原因。

踏足過不同城市後，最大的感觸是，我們擁有的一切都得來不易。香港真算是個福地，至少我們有先進的基建、穩定的金融系統、公正的法律條文跟稅制、安全的治安環境、完善的教育制度，還有自由。我們沒有天然災害，沒大地震大海嘯，也沒火山爆發和暴風雪；我們也沒戰亂，也不是恐怖分子施襲目標。至少，這些條件在其他國家就並非必然。而且，在這個城市的我們不愁三餐，可以自由戀愛，雖說不上完全的安居樂業，但最少還可以追求想要的夢想跟發展。

前兩年，我走訪了世上最快樂的國土丹麥。在那裡，人不論富貴或小康，都甘之如飴，而不會比較或抱怨，於是容易營造出樂也融融的氣氛，也少見負能量的衝突對立，自然整個社會氛圍也充滿喜悅。

快樂是會傳染的。當你身邊的人都展現出正面積極的態度，你的想法也會因此受影響。就這樣，我在快樂的丹麥渡過了愉快的假期，也把他們的知足常樂記在心裡，時刻提醒自己這是快樂的根源。

當你走出去以後，就會發現每個城市的人都在抱怨現況，覺得環境限制了發展，有志不能伸，缺少空間跟彈性去發揮。每個地方都有它的優缺點，我們最需要的，是廣闊的胸襟跟懂得感恩的心。有容乃大，無欲則剛。

04 我在學習當主管

從來不知道「主管」的實際職責是甚麼，只覺得這是一個不討好的崗位。管理的學問我還未掌握到，只有短短幾年的經驗也不敢班門弄斧，分享管理心得，但卻想記錄在這趟學習當主管的路上所領悟到的道理，跟一些旁人沒法理解的心路歷程。

我二十二歲當主管

我第一份工作還未過試用期，就已經當上主管了。剛畢業才幾個月，也是剛踏上二十二歲的年紀，接下了這個海外擴展的任務後，我就開始建立自己的團隊，請了第一個正職員工，聽起來也覺得好荒謬。我第一年管理六至十人，第二年管理二十五人，第三年管理逾五十人，最諷刺是我一點也不憧憬跟喜歡管理職務。我的哲學是：如果每個人都可以好好管理自己，那就不用花太多時間管理其他人了。

你心目中有好主管應有的模樣嗎？老實說，我自己也沒有遇過很多主管，也沒有人教我一個好主管應該怎樣做，對這個位置的認知幾乎是空白的，但既然挑戰來了，只好伸手去接住吧。

別人問我管理哲學跟風格，我也沒法說得清。我是怎樣看待主管這個身分呢？我一直覺得自己只是一個溝通的橋樑，幫助大家傳遞訊息，得出最有效的執行方式。當然那時候我還未懂甚麼叫做「換個位置換腦袋」。

起初我單純想令團隊目標為本，有效率地完成任務，只要不出岔子，大家做好本份，應該沒有那麼難吧？主管就是一個沒有職位描述的崗位，連我自己也沒法清楚歸納自己每天要做甚麼，大概就是每天張開眼睛就要準備上戰場打仗、迎接各種新挑戰、解決各種無法預料的問題、檢討現狀反省自己：甚麼做得不好，怎樣做得更好。

後來才發現，當主管要完成的豈止這些？原來除了業績、團隊要一直成長，還要思考很多大大小小的問題，包括長遠規劃、數據分析、看財務報表、建立流程等等，也少不了面試新人、培育團隊、提升效率、思考員工職涯……哎，差點忘了還要洞察問題、尋找新機會點、風險管理、危機處理，檢討績效……（下刪一萬字）

有一次，我滿心期待一個挺優秀的團隊成員可以成長，教他怎樣從數字找問題，後來才知道他心裡反而抱怨了一句：「連我都要做這些，那你要做甚麼呢？」

我看了很多有關領導的書籍，也向了很多人討教，但原來每個人的方式跟風格都不一樣，也沒有一個標準答案。後來我想，關於主管這個身分跟責任，我希望完成的是：團隊成員離開時都帶著一份漂亮的成績表。

這句話我一直放在心裡，所以總是擔心大家學習跟成長的空間及機會不夠。從四人團隊，轉眼管理超過五十人，而且來自七個國家，還要遙距管理，很多時候當我處理「人」的問題時，都把所有責任放在自己身上，甚至有段時間覺得轉行做了兼職社工，而且一直都覺得自己做得不夠好，但我也跟自己說了一百次這句話：

「這個崗位這個角色，不論怎麼也一定吃力不討好，也會有人不滿意，唯一可以做的是問心無愧。」

面試官的內心劇場

面試是一件很花時間的事，也是一個成本很高的任務，因為它的轉換率太低，面試三十人，最後都可能找不到一個滿意的。

第一個實習生面試是在還未有辦公室的年代，當時只挑了幾個看來不錯的履歷，就直接邀請他們去咖啡廳聊聊看。一開始，我也不知該問些甚麼問題，就只好先 Google 一下除了自我介紹，還有甚麼推薦的面試考題。我會想想每個問題背後，我期待知道甚麼呢？我要預設答案嗎？同事還推薦了這個常問問題：請跟我分享最近三件小事。當時，我心裡的最大 OS 是：他們看我年紀這麼小，會覺得是騙案嗎？

後來又有一批正職面試，就在一個簡陋的公寓大樓（也就是我們第一個辦公室）進行，面試者到附近要先打給我，我下去接他們再走兩層樓梯才到，而辦公室裡面空空如也，沒有會議室，只有一張沙發和兩張桌椅。我對這個狀況也有點尷尬，但只好硬著頭皮繼續演下去。我很佩服跟感激第一批同事，他們不知道公司名字跟工作內容，也不介意一面稚氣的面試官和簡陋的工作環境，就答應進來（由衷地向他們敬禮！）。

後來公司變得更有規模了，但面試還是遇到好多不同的狀況：

有人面試當日就失約了（你不是說想要一個工作機會嗎？）；

有人在報到日早上才發訊息說不來了（媽的，你不能再早一點通知嗎？）；

有人落力地批評公司的不足，以求表現（我比你更熟公司問題好嗎？）；

有人說很崇拜你，所以希望跟你一起工作（難分真與假，人面多險詐……）

還有一些內心掙扎：

眼前的面試者表現出色，但未必能跟現有團隊磨合，我應該讓他進來嗎？

職場經驗老到、年過五十歲，卻來面試一個初級職位，他是在開玩笑嗎？

面試者說他最出色的成就是「班際爛 Gag 比賽冠軍」，我應該怎樣回應才算大方？

他表現優秀，卻一直抱怨前公司不是，萬一我們合作不似預期，會落得同一下場嗎？

再來是懷疑人生：

面試時說希望有新挑戰，但怎麼到職後一看到新任務就愁眉苦臉？

面試時說自學能力高，但到職後又抱怨主管沒給指導跟教育？

面試時說自己刻苦耐勞，但到職後就把責任推得一乾二淨？

每個人都跟你說很想來這邊工作，我常怕大家太多幻想，通常都不說一句好話，甚至先做期望管理：「這份工作是真的很辛苦、很不容易啊！！」只是每個人當下都好像被沖昏頭腦，沒人聽得進去。

獨攬工作不是美德

我跟新的小主管說：「你好像有這麼多東西還沒給我呀！」然後隨口數了一大堆，他就很頭痛似的，說請給他一點時間。我笑他：「你有好幾個隊友，你知道他們在忙甚麼嗎？為甚麼不把手上的事分給他們？」

其實我主動挑起這件事，不是真的要逼他交功課，而是想跟他分享，要有進度有效率，就要學會分配工作。我發現他接了很多事，卻不會分配出去，所以產量落後，欠缺效率，繼而造成很大壓力，影響自己心理質素。

我自己也犯過同樣的錯，就是甚麼事都身先士卒，捲起袖子自己做，背後大概有幾個原因：覺得別人做事不夠快，又覺得有些事別人不太會做，又或者不想善後，不如直接自己來。就因為這些原因，自己愈變愈忙，效率也不見得好。由於「執行」跟「管理」都放在一起，容易有盲點，沒法掌控品質跟宏觀大局。

委派任務不易，先要了解每個人的個性、擅長、期望跟優缺點，才可以賦予適合而又是能力範圍內的工作給他們。

沒有人可以一個人完成所有工作，也沒有人在各方面都是一百分。我們要做太多事，如果不把事情交出去的話反而會拖慢進度，減低效率。

小主管擔心他把工作放下去，而團隊已經很忙，沒法負荷。加入初創公司的人大部分都熱愛學習，喜歡做不同的事，我覺得如果工作量太多，他實在需要自己反映出來。分配工作是一種信任，也是對隊友的一種肯定。

我的工作量也常常很大，但慶幸我有一個很願意分擔的團隊，他們看見我很忙很崩潰，都會主動跟我說有沒有可以幫上忙的地方，還要叮囑我小心身體，不能累壞。

當主管的其中一個重要職責，是學會把事情分出去，而不是自己獨攬。

有時候我也怕團隊喘不過氣，或是成為同事口中亂發工作、不體恤的上司，但退後一步想，我們要重視的是團隊成果，把團隊產能擴大才是當主管的重要任務。

說話不代表溝通

有一次，各國的新同事到台北做教育訓練，一群人到了辦公室附近一家咖啡廳。最直接的做法是把外賣紙叫過來，所有人直接把自己要的飲品作記號，然後一併結帳。點餐後，我們卻發現送來的飲品貨不對辦又出錯，把外賣紙拿回來後，才發現我們弄了一個大笑話：

我們會中文的人都習慣用「正」字做統計，一個「正」就代表五杯。但我們沒有想到當下大部分人都不會中文，所以就糊裡糊塗，跟著大家寫上長度不一的橫線（從他們的角度看不覺得有任何異樣啊！）。結果店員看不明白，自然出錯。

這件小事反映一些我們習以為常的事，其實在他人眼中不一定是理所當然，如果沒有想到其他使用單位甚至客人的習慣可能跟自己不一樣，便很容易造成溝通誤會或出錯。

那次以後，我常跟大家分享，不要以為自己的「理所當然」或「常識」就是大眾的共同語言，大家都會理解。沒有人有責任理解你的一切，話還是要說出口才最真實。

不過，發言人人都會，但溝通並不是。雙方理解問題跟達成共識才是真正溝通。

我們在檢討成效的時候，也常常出現一個問題：主管的期望跟員工的實際成果，永遠都有很大距離，很多時候，癥結同樣來自欠缺溝通。大腦結構很複雜，而每個人的理解力跟聯想力都不一樣，如果大家腦中的畫面不同，就自然愈走愈遠，衍生很多無謂成本。

主管是有責任把大家拉在一起，畫出一個大拼圖，讓大家有共識，知道自己處於哪一個方塊，要完成的畫面又是怎樣。員工也有責任去提問，把不清晰、不理解的地方向主管請示，才能協作完成，縮窄雙方期望落差。最無奈是大家都覺得對方有此責任，最後不了了之，浪費時間跟心力。其實，良好的溝通還是培養彼此默契的不二法門。

又有一次，我發現有員工撒謊，雖然只是一個無傷大雅的謊言，但我還是猶豫應該怎麼處理。老闆提醒了我：「做主管就是有話要說出來，不能未問先斬。」說易行難，但上天既然給了我們一張嘴巴兩隻耳朵，我們就應要好好運用，多溝通多聆聽。

溝通很難，但絕不是一個逃避的借口。

世上沒有一百分的主管

以前考試我們會打分數，評價一個學生的學習表現，但出來職場以後，即便有考核，我們還是很難知道自己確切的表現。這些，你的主管不會說，你的下屬更不會說。

我都忘了跟自己說了多少次「放棄力臻完美」，主管不好做，你不能滿足所有人。這個角色，注定陷入永遠的拉鋸，順得哥情失嫂意。

在老闆眼中，你沒有盡責去盯員工表現，沒有讓他們的產量最大化。你是一個太保護團隊的主管，你養懶了他們，是公司的營運負擔；

在下屬眼中，你沒有為他們爭取最好的，你只是一個只會跟隨老闆的應聲蟲，你從來沒有為同事發聲，你只是一直剝削勞方；

在跨部門會議中，你只會為自己部門爭取資源，卻沒有體諒其他部門的難處，你的部門就是製造問題的始作俑者。

這個夾心階層吃力不討好，有時連我自己也有點懷疑人生。即使你多盡力去激勵團隊，他們都永遠覺得不足夠，永遠覺得你做得不夠好。

開會的沉默，也是另一種無聲抗爭。你不知道他們是沒有動腦，或是有話不說。你鼓勵他們發言，卻可能換來鴉雀無聲的尷尬。當你想多聽他們意見，他們卻覺得應是主管下指令；當你幫他們決定好了，他們會覺得主管很獨裁。

人人都說想要學習機會，於是你著手安排課程或外出上課，但對他們來說卻漸漸是一種負擔：都不夠時間做事了，還要擠時間上課。不讓他們上課嗎？他們又會覺得公司給的學習機會不夠，主管可以教的又有限。

再來福利，到底多少才足夠呢？請大家吃頓好的慰勞一下，又或者下午茶，一開始大家還是挺滿足，後來大家都視作理所當然，不會珍惜。他們最興奮的就是圍著訂零食的時候，一開始一個月訂一次，後來一星期就清倉，問你可不可以加多點零食預算？如果你拒絕，就會覺得主管很小器。

跟你說，主管真的不可能是一個十項全能、甚麼都會的人啊。每個不被認同、不被理解的決定，都背負著無數的心酸跟難過。誰會願意擔任這個吃力不討好的角色？

當主管，注定孤獨

「慢慢你就會感覺到孤獨了。」剛當主管的時候，老闆這樣跟我說。

你有聽過身邊的人講主管好話嗎？我就甚少聽見別人讚美自己的上司，但我卻會一直把我主管的好話掛在口邊。我不是虛偽，而是真的欣賞他們，也許因為我打從心裡體會到當主管的不容易。

好多人問我：「你這麼年輕，在同事面前有威嚴嗎？」事實是大家都好怕我，我也不曉得為甚麼。

有次我約一個泰國同事做年度面談，明明只是線上聊聊，她卻擔心了好幾個小時不敢出去吃飯；有次一個新行政報到，原來報到前幾個晚上她都睡不著，因為她很怕我。我摸不著頭惱——我人很友善啊！也不罵人，還可以跟你一起三八或喝酒，我也沒有醜得像怪物吧？為甚麼大家都怕我呢？

應該是因為我這個狠角色的身分吧。

以前員工只有幾個，你還是可以一群人去吃午餐，圍著聊一些八卦。後來人多了，實習生多了，一齊出去食飯的氣氛會變得僵硬，大家仿佛多了一層隔膜，再後來就不會一起吃了。主管們大概有幾個內心小劇場：

「有我在，他們會不好意思說話吧。」

「要保持一定的威嚴跟距離，以後才好管理吧。」

「剛剛受了老闆的氣，好想去大抱怨，但在下屬面前講老闆不太好吧……」

「其實我只是想一個人靜靜，放放空。」

他們左思右想，若不是甚麼官方聚會，還是獨自吃比較單純。

有一次，有一群新人來了，大家的團隊合作不太足夠，就提議搞 Team building 活動，建立一下默契。那天下班才去活動，活動完了已有點晚，心裡想著要不要循例關心一下，叫大家一起吃個飯呢？但事實上，自己也有點體力透支不想說話，所以決定把話收回去。大家也異口同聲說要各散東西，有的說去這邊坐公車，有的說去那邊坐地鐵，我跟另一個主管走在路上，隨便找些東西填肚子就好。

我們兩個走入一間餐廳坐下來，先討論一下大家剛才的表現，誰不知突然聽到一群熟悉的吵鬧聲音從門口傳來——沒錯，那群說要回家的孩子們居然挑了同一間餐廳，最尷尬的是他們並沒有發現我們。

「要讓他們知道嗎？」「要說聲嗨嗎？」

「其實我也沒打算跟他們吃飯，不用找理由逃脫吧……」

為免大家尷尬，還是不要打招呼了，但這個好笑的畫面成了我們以後取笑的題材。

你努力地擺脫上司的飯局，事實是他們也沒有很想跟你吃。

另一個有趣的地方是，你後來會發現，公司有很多個沒有你的手機群組，可能是講你壞話用的，也可能只是單純聊八卦，或是上班偷懶時不想讓上司發現自己分心。其實，大家只是需要同溫層，需要那份在一起的安全感。

被孤立的感覺，一開始是有點差，因為你還是會想知道他們在議論你些甚麼，比如說哪個行為舉止需要注意，哪番言論讓他們不爽，但同時又會理解他們並不是恨你，只是需要一個出口。

這個狠角色，注定走在孤獨的路上，哪管你願不願意。

當兼職社工，還要呵護團隊的自尊

那天早上我在看數字，隨口問一個團隊成員：「咦？那個合作廠商這月份的單量較前幾個月一直下滑，是不是出了甚麼問題啊？」

他就回我一大段訊息，解釋他覺得繼續合作對公司的長遠影響，以及他目前遇到的問題等。他的用字很直接，大概就是表達「你就不要執著於這個合作廠商」的意思。後來我發現是自己搞錯了，找到問題的癥結，加上一直事忙，就忘了回覆他。怎料當天半夜，他突然發訊息跟我道歉，說用字冒犯了我，也希望我能理解他的意思。

本來已經累到躺在床上的我，立即跳起來跟他連番解釋。因為搞錯的是我，加上剛好在忙其他事才忘了回應，不是要怪責他。我完全沒有想到自己的無心之失，就會引起員工的不安，傷害了他的感情。

這次教訓提醒我以後要多注意平日漫不經心的行為，畢竟主管的舉止都會被員工看在眼內。我後來常常在大家口中聽回那些很荒謬又很可笑的「解讀」，哪怕只是在忙而沒說早晨，也會被形容為「心情不好，是在氣誰」。

有很多次，有些人在上班時受了氣突然哭起來。我是那種看到別人哭反而心腸更硬的人，因為哭不能解決問題，情緒化也對事情沒有幫助。面對這樣難堪的狀況，我只會先請他們冷靜一下，處理情緒後再作討論。

又有好多個晚上，我都會收到一些求安慰或求紓解的訊息。當然我很感謝他們願意說出來，跟我分享，跟我求救，這是他們對我的信任，也證明我可以給他們安全感。好多時候，我都要兼職社工上身，先理解他們遇到的問題，繼而解釋背後的目的，並指引他們要做的事，從中釋放出激勵、認同跟肯定，讓他們知道自己並沒有想像中那麼糟，情況也不是他們想像那麼壞。

「I hope you find true meaning, contentment, and passion in your life. I hope you navigate the difficult times and come out with greater strength and resolve. I hope you find whatever balance you seek with your eyes wide open.」其中一晚，我分享這番話給其中一個想不開的員工，在輔導別人的時候也不忘療癒自己。

問題天天都多

當主管，遇到問題就責無旁貸，特別是當危機出現，大家兵荒馬亂、不知所措的時候，你就是要站出來，冷靜地穩定軍心，給他們指示。

問題天天都多，我跟你分享幾件常會發生的事。

第一年舉辦大型線下活動時，前一週我在東京出差，突然收到場地負責人電話，說場地出問題了。當大家為了活動在過去兩個月也忙到天昏地暗，他竟然說場地沒法使用。

這個消息傳回團隊，大家一時間都手足無措，手機群組響個不停，全部人都在等我發施號令。在那片富士山下的草地踱步了大概五分鐘後，我就要立即生一個應變方案出來，開視像會議交代，先闡明最壞狀況、可能會發生的問題和應急方法，再交代所有人接下來要幫忙跟協調的任務。很多時候，你就只有五分鐘下決定，所以即使有很多瑕疵，你還是要相信這是當下最好的安排。

這一刻，你會拋下經驗或年紀的包袱，因為根本沒有時間多作考慮。

線下活動總是會出很多岔子。又有一次跟廠商合作，活動前一週被告知我們國內的供應商突然被清拆，幾件主要大道具化為烏有。這些戲如人生的劇情，每天都在上演。你只可以教導團隊，教他們學習評估不同替補方案的成本跟風險、要處理的遺留問題、對內對外的安排，以及以後要注意的地方。

又有一次剛好放假，人在芬蘭，碰巧日本媒體團出發，當所有記者跟網紅都到了機場櫃位，才被告知訂位記錄搞錯了，沒法上機。同事驚惶失措，無懼時差打來求救。我告訴他，首先要先安撫已到場的人，給他們一個合理的解釋，最重要讓他們知道你正在處理問題。同時間，要找最早的機位讓大家盡快出發，亦要跟日本供應商解釋狀況。那一次有驚無險，又多得不同相熟的合作廠商幫忙，總算不幸中之大幸（但請記得這些人情債以後是要還的）。

問題天天都多，只好立即處理。在最無助慌亂的時刻，你還是要裝出一副冷靜的模樣，處理多了就會雲淡風輕，回頭看，又是一課了。

灰色地帶，應該站哪裡？

在這個世途險惡、是非黑白充滿模糊地帶的世界裡，要繼續相信人性本善，是一件很難做到的事。

每個人都有自己不能接受的關口，我的其中一個道德潔癖是無法接受不誠實、不合理，或者耍心計又無賴的事。以前以為世界黑白分明，直到工作上遇到很多灰色難題。初出茅廬的時候，我以為以自己一直以來對黑白價值的確信來判斷就是對的，但事實並非每次都能盡人意。

有好幾次，我看到一些不合理的事，起初還很堅持覺得要做「對的事」，當事與願違的時候，我心裡面難受得很。

後來我看到一本書叫《灰色管理》，書裡講到一些例子，也是常遇到的職場事件：

這個員工曾經為公司付出很多，但最近表現差，頻頻出岔子，你會辭退他嗎？

這個愛將曾經很努力賣命，但後來做出一些「不合常理」的行為，造成其他人意見，你會怎樣做？

難受，也許是因為有點像被背叛的心情。突然的現實落差，會讓你懷疑自己過去的信任跟判斷是不是正確的。每個人都在指責批評的時候，又是我懷疑人性的時刻。

書裡面最令人有感的一句是：「作出當下最情理兼容的決定」。後來我慢慢了解到，我們眼中的「對與錯」不一定是眼見為實，而且對與錯，根本不是由我們去決定。

有次訪問，記者問我：「感情用事對管理團隊是不是障礙？」我答：「這些都是過程，與其說是障礙，不如說是歷練。」

相信人性本善，是我的執著，也是痛苦來源。

有次在網上看到一些心靈雞湯句子，就標注下來："Stop apologising for having a heart that feels everything so deeply. It's a gift and wear it proudly."

當主管的我就要堅持，善良是一種選擇，可以失望，但不要絕望。

"You must not lose faith in humanity. Humanity is an ocean; if a few drops of the ocean are dirty, the ocean does not become dirty." —Mahatma Gand

收離職信是一種練習

人來人往，離職信收過太多，但原來每個你珍惜的人離開時，你還是會難過。

我從上班第一天就知道，工作本來就充滿聚離，我以為自己可以很理智，但其實心底裡還是會百感交集，感情用事。

當主管有很多的無能為力，其中一種是你欣賞他，但卻沒辦法給他最好來留住他，只好祝福他未來在自己的人生繼續盛放。

每次收到離職信，當下第一反應，我還是會檢討作為主管的我是不是哪裡不足，讓他們受委屈了？又或者是否跟他們的期望落差太大？還是其他很多不一樣的因素？一般的書面離職理由都是籠統無聊，因為大部分人都不會跟你說實話。

離職面談，又是另一個心情，感覺就像用一個正式場合說分手。

情侶分手的原因很簡單，最主要不過不夠愛，兩方都有一定責任，但跟員工說分手，不管是誰提出，都不好過，一定是有些地方跟磨擦令大家受委屈了。

工作上的決定我可以很果斷，但後來才知道自己也是一個偶爾會感性的人，特別是牽涉到關於「人」的事。

在離職面談上，如果你用心去問去聽，有時還是可以打開他們的心窗。他們會跟你分享內心的委屈跟矛盾，也會跟你分享自己的無力感。

最痛苦不是你知道真相，而是你明知真實狀況，卻無能為力去改變，去為他們爭取，畢竟你要顧慮的層面太多，你要顧成本，顧大局，顧戰略，顧資源。再後來，我發現很多離職原因是大環境或是一些不可控制的因素，所以我只能可惜。

第一次收到直屬部屬跟我提離職的時候，我哭了很久，應該說是哭了幾個月（他提前了四個月提出）。可能是大家一起工作久了有感情，又習慣了他們總是來鼓勵我，這個善良的同事總讓我看到人性的美好。

第二次收到下屬遞信時，我還是很傷心，默默地流眼淚了。記得那個晚上我還打去跟另一個同事一直哭，覺得自己沒做好主管的角色，沒法給他們最好的幫助和學習環境，沒能滿足他的期待。我躲起來反省了好幾天，最後還是好好祝福他前程錦繡。

最近一次是一個剛畢業的新同事，在她身上，我看到剛進來的自己，和那雙充滿熱情的眼睛。雖然這次我還是會難過，輾轉反側了好幾晚，但我已經沒哭了。畢竟自己不能控制的事太多，而每個人的優先序都不一樣，只好祝福她未來的人生會更無悔、更美好。在她身上，我發現自己是有多幸運，才可以任性做自己喜歡的事。

離別是一種學習。人和人相遇是緣份，但每個人都只是彼此過客，大家都有不同的際遇跟選擇，每個沉重的道別都是為了未來更好的重遇。但願大家以後都會記得這一程的美好，並祝福他們有更適合的落腳處。

解僱也是一種學問

有好幾個人都跟我說過：「當一個領導，最重要是學會解僱不適合的人。」我們都想當好人，解僱這個黑面角色不好做，卻不能不做。分享幾個內心的矛盾跟小劇場。

第一個內心掙扎：到底是他個人的問題，還是我的問題呢？他的表現不好，到底是他沒有用心、態度懶散、這份工作不適合他，還是主管沒有給予足夠指導呢？會不會是彼此的期望有落差呢？又有沒有彌補空間呢？

我記得有本書寫過這句：「解僱不適合的人，是因為不想浪費彼此的時間跟成本，也許他離開，會找到更好更適合的工作。」

第二個要承認的是：我看錯人了。面試真的是一場戲，有些人就是太入戲，你還是會被他騙倒。為甚麼當初誠懇的他，最後變成一個滿口謊言的騙子？為甚麼當初滿懷熱忱，雄心壯志想要幹一番事業的人，最後卻成了蛀米大蟲？

我閱歷太少，不會看人，但我必須承認，是的，我看錯人了。

第三個劇場：我們都會想：「再差他也有五十分吧？人手不夠的情況下，他還是可以做點事，有點貢獻吧？」但是如果留下一個不適合的人，就是懲罰團隊優秀的人才，就像一顆老鼠屎毀了一鍋粥。他會成為害群之馬，甚至劣幣驅逐良幣。

第四個掙扎：到底怎樣表達跟執行這件事比較好呢？如果巧言令色，他們可能會錯意，以為自己得到讚賞，再迂迴地請他離開，反而會讓他覺得被耍；但若單刀直入，依例行事，又會令員工留下公司無情的遺憾，甚至更多無形成本。

剛柔並重很難，將心比己很難，每一次解僱別人，對我來說都是一個大挑戰。好聚好散，是一個美夢，唯有跟自己說：來，做好這場戲，痛一下就會好了。

我這個主管的主管

某個週末下午，她在畫自己的人生拼圖，隨口問她老公：「你覺得我最喜歡的事是甚麼啊？」

「嗯？跟珮珈聊天吧。」

這個她，就是我過去三年多，即使遙距仍幾乎每天都連線聯絡的人。哪怕我們見面可能不過三十次，但卻累積了一份很重的革命情感。這個嬌小玲瓏而外冷內熱的女孩，就是我的第一任主管，也是我最親密的戰友。

她直率不做作，心思細膩而聰穎，分析力邏輯力洞察力都比任何人強。她，也是我在第一份工作最大的禮物之一。你選擇學習的對象跟挑選的圈子，都會影響你未來成為怎樣的人。

若沒有她在信箱找到我的求職信，我也不會有這些年的經歷。謝謝她當我耐心的主管，把不會讀數據的我訓練好。在東南亞孤獨的時候，我有她在東北亞一起互相支撐，每個懷疑自己的時間都有她一直提醒我，我沒有想像中那麼糟，要勿忘初衷。兩個性格迥異的人，就是在三年多來每天由早到晚都在對話之中，練成了超級可怕的默契，在分隔異地不同時空的情況下，我們的腦部是可以自動同步的。

「孤單的時候怎麼辦？」「遇到問題，你會怎麼做呢？」發一個訊息，她就立馬給我理性的分析跟溫暖的安慰。誰又想過主管可以成為一個讓你依賴而信任的對象？她從來有話直說，永遠可以一語道破我的盲點。每次遇著瓶頸時，我也完全不怕麻煩她，要她施予援手。三年半以來，我們從沒有吵架或不爽對方，只是由衷地為對方一直進步而驕傲。

還記得二零一六年中，第一次跟她提離職，她居然流淚了。那時候我也被嚇到，沒想到這個只跟我遙距相處而又有距離感的主管，居然這麼在乎跟信任自己。從此，我們慢慢變成無所不聊、互相激勵又惺惺相惜的戰友。女生的友誼沒你想像中脆弱，或是日常只聊八卦、男生或是時尚。我們每天討論的只有新事物、新發現、新工具、新知識、可能性，跟未來我們要怎樣成為更棒的人、成為一個喜歡的自己。

她的人生目標之一是「喜歡星期一就像喜歡星期六」，相信「沒有最適合的路，只有最不願錯過的那條」。我們的背景、教育跟擅長的技能毫不一樣，所以我們看事情的角度跟擔憂都殊不相同，但正因為同樣的理念跟相近的價值觀把我們連在一起，成為通往未來路途上的同伴。

我是一個幸運的人，也相信吸引力法則，難得地身邊有這樣一個優秀的學習對象、會對你誠實中肯不偏倚的討論對象、一直給予你正面力量的安全島、一個願意跟你無條件去創造未來的夥伴，還有一直逼你變更優秀的人生教練。除了過去三年，相信還有未來十年，我還是會跟她坐在同一餐桌上，聊著怎樣為社會創造更多價值。

05 糖衣背後的汗與淚

我們都聽過太多漂亮包裝的追夢故事，但沒有很多人會跟你分享最真實又血淋淋的心路歷程。

我想跟你說的是：「別羨慕別人有雙能飛的翅膀，卻沒有看見他們肩上承擔多少重量。」

風光背後，你不知道的是……

剛畢業不久，就做到一份自己喜歡的工作，躋身旅遊業，社交網站貼滿遊世界的照片，一直出差到世界不同角落；年紀輕輕取得老闆信任，擔任管理職務，帶領著五十多人的團隊……連我都覺得自己太幸運，應該是累積了幾輩子的好事，才換到這樣的知遇之恩跟一帆風順的職涯。

「創科潮企揸弗人」、「職場新貴」、「九十後話事人」、「一姐」等的標題，接二連三在媒體出現，編織了一層糖衣，把這個夢幻的追夢泡泡包裝得多麼美好。朋友們或是好久不見的同學、親朋戚友在電視報章看到我，都會傳訊息表示艷羨不已，問我有沒有職缺。

不過，大部分人看到的都是表面的糖衣包裝，因為我沒有劃破肚皮跟你分享血淋淋的真實畫面，也沒有把最痛苦的時刻跟片段放上社交媒體公諸於世。在朋友聚會中，大家都報喜不報憂，畢竟我們都習慣把最難看最辛苦的考驗，留給自己一個人面對。

我很少提到為了追業績，有時會壓力大到咬著牙關躲在桌下埋頭苦幹，也沒有訴說帶著團隊的問題天天都多，長期先天下之憂而憂，更不會說那些被欺負被奚落的難堪、到處吃虧碰壁的無奈、被誤解或不被認同的委屈，或是獨個兒去警局或處理公司失火時的怯懦。

你也不知道的是，這幾年我每天都帶著電腦出門，生怕有緊急事情要立即處理。假期時，我反而留在家裡回訊息（因為假期是出遊旺季），看到客戶負評或收到被客戶抱怨的電話，我還是會起雞皮疙瘩。更不要提我獨個兒去搬了一整車傢俱回公司（其中一件是跟我一樣高的擺設），或是那些在紅眼班機上折騰的畫面。有時候，我會被網絡紅人奚落、當成助手般不尊重地使喚，更要面對團隊成員發脾氣鬧情緒的受氣場面。

當人人為你舉杯慶祝的時候，你也不好意思回他們說：「在這個世界上，甚麼都是掩眼法，看到的未必是真實，真實的你未必看得見。」

走出低潮，只可靠自己

以前的我很愛睡，一躺在床上就可以立刻倒頭大睡，但後來的我，一直沒法好好入睡。記得第一年工作，每個晚上我的腦部都會特別活躍，沒法靜下來，擔心前擔心後，如果太早爬上床，內心會有種不忍，覺得自己沒有善用一天的時間。有時候入睡了，卻在夢境裡安排著第二天的日程或工作，是真正的「走火入魔」。

第二年外派到東南亞，在陌生的酒店或 Airbnb 都有種不安全感，又或是陌生的感覺，令我沒法入睡，都忘了多少晚上看著窗外的天空慢慢變光，然後又無助地在床鋪中爬起來上班。到失眠兩天，再被繁瑣的公事消耗了所有體力後，晚上就終於可以一覺入睡了。

我又有一個壞習慣，太忙時總會大意忘記吃午餐，到了恍然大悟時都已經不餓了；有時會議排太滿，忘了把吃飯的時間也排進去，讓我血糖偏低，每次快暈倒在地上前都要趕快跑去麥當勞買小食充飢。

甚至到了後來，我的身體出現了異常變化，除了平日失眠的老毛病又回來探我之外，還有賀爾蒙失調：經期不準、胃口不佳、食慾不振，甚至嚴重到沒法進食任何澱粉質。在飛機上的幾個小時，我會病態地反省自己，檢討自己做得不夠好的地方。我對所有事物都提不起勁，甚至出現好多負面又無謂的想法。

這幾年，通常每隔幾個月我就會出現一次這樣的問題。問題好像「季經」，每過一段時間便會來，每次都會質疑自己的抗壓程度，質疑自己的能力，質疑自己的所有決定。想太多繼而優柔寡斷，繼而寢食不安，繼而跌落一個把自己貶得一文不值的黑洞裡。

我知道這些都是壓力造成的心魔，源於迫死自己的思想潔癖、完美主義和自我懷疑，繼而是我從來沒辦法肯定自己和認同自己。這些情緒都沒有出口，所以形成一個很不健康的狀態。我不能不正視，這些都是情緒病的先兆。

經歷了長時間的低谷期，我只好的起心肝尋求解決良方。「心病還需心藥醫」，透過不同方法入手，慢慢改善自己的心態跟狀態。我不敢說現在的狀態已經重上軌道，但至少正改善。

1．做一個晨型人

讀過好多文章講早起的好處，所以我也下定決心早起。本來目標是五點起來，當然偶爾也有賴床，但有超過半個月的時間都能成功在七點前起來。這些偷來的時間，讓我完成更多平日做不到的事。

2．堅持運動

我從來都沒法堅持運動。以前想做運動，都是轉頭就放棄，不知被看扁了多少遍。不過隨著年齡漸長，你會有「真的有需要好好運動」的感覺。我先試用一個月四次的運動計劃，強逼自己付錢去運動，甚至午飯時間走去健身房。另外，找一些跟你運動的夥伴吧，他們會一直問你要不要一起去，漸漸地你也會培養出運動習慣。

3．學習新技能

堅持學習新事物。我最近在學車、學泰文、進修拍片剪片、試用新系統改善工作流程。雖然你沒法一步登天，但有進步就是前進中。今天學到的技能，都是在增值將來的自己，累積的小成就感也是養分，讓你更有動力去生活。

4．把目標跟計劃寫下來

把目標跟實踐計劃全寫下來，好好計劃時間分配，避免自己分心或是被突如其來的想法或事件影響進度。當把這些「待辦事項」都刪走，你就會發現自己不但時間多了，而且每天還真的完成了很多事，不再有那種「未做好」、「未完成」的心魔。

5．控制時間，減少拖延

我用了兩個方法學習控制時間，包括善用五秒法則，以及在行事曆預留時間。

五秒法則：只要你感覺到一種直覺閃過，要為了某個目標或承諾而行動，或是你明知道你應該做某件事，卻感覺自己在遲疑時，就可以試試。方法是對自己倒數五秒，然後開始。倒數能幫助你專注於你的目標或承諾，讓你的思緒遠離擔憂、想法和恐懼。就在你數到「一，行動」時，就完成了。我就是每天用這法則堅持起床的。

另外，你可以為行動清單定下完成時間，限自己一定要在若干時間內完成，繼而在行事曆預留時間，避免超時或有其他人事物讓你分心。

6．找出自己的長處跟優勢

會懷疑自己，只因沒法找到自己的優點，沒法欣賞自己。在迷茫的時候可以去做個 Strengths Finder 測驗，我最近忍不住推薦我的朋友們去做這個測驗，重新去了解自己的長處加以發揮，會有事半功倍的效果。

7．接受自己不足，並努力變更好

人無完人，是我一直都知道的事，所以你只可接受自己不夠好，並想一些方法去改善，讓自己變得更好。我的說話表達和說故事的技巧都未夠好，所以就逼自己去拍影片做練習、看 TED Talk 多吸收，相信努力下會慢慢進步。

那個永遠貼在身上的「九十後」標籤

這些年被問得最多的問題，都圍繞著「九十後」這個標籤。

我很少主動查看自己的訪問報道，不過每次看到，或多或少都有些感受。每個報道都愛以「九十後」為主題，可是我沒有覺得自己跟同齡的人不一樣，也想澄清大家最常提出對「九十後」的疑惑。

九十後都是不負責任、傲嬌、任性、玻璃心？

這些負面的用字跟標籤，其實都只是一些外人主觀看法。每個人都會經歷初入職場的階段，而每個年代都會有不負責任的人，如果因為出生年份就把大家歸類，這是很不理性的想法。

這幾十年世事千變萬化，我們沒法站在同一個角度看事情。因為社會背景不同，以前的六十後、七十後，可能都會跟隨社會賦予他們的未來路向，認為買樓、結婚、生仔就是「正常」的人生旅途，但到了我們這一代，因為互聯網發展而得到更多資訊，知道世界上有好多不一樣的生活方式，也因此想有更多選擇，有很多自己的想法，亦有自己的追求，不想再跟隨以前的一套。

「有些人二十五歲就死去，只是七十五歲才埋葬。」如果我們在人生追求上不再前進，不再思考，不再自我完善，那就形同死去，所以年紀較大的，也不一定比較成熟，不一定比較有經驗。智商跟歷練，都跟年齡沒關係吧。

我不能改變我出生的時代，但我還是感謝因為這樣的標籤，迫著我要做得更好，讓未來的我可以用成績去定義自己，擺脫標籤，才可以爭口氣。

我們沒法改變別人的看法，但絕對可以改變自己看事情的方法跟想法。

給因為「太年輕」，在職場上總是被小看的你

之前接受媒體訪問，有記者問我是否曾因為「太年輕」，而在職場或商場上被人看輕，甚至刻意刁難？答案當然是有，但一路以來，我對負面情緒總是過了即忘，也不希望訪問失焦，所以當下都沒有舉出甚麼例子。

後來，我決定好好寫下這些經歷，提醒將來不要變成自己曾經討厭的人，也希望讀到這篇文章的年輕的你，不要因為他人的成見甚至歧視，對自己喪失信心。

職場歧視無處不在，性別、國籍、年齡都能做文章。

在我的日常工作中，每日都要與許多潛在客戶或合作夥伴等外部單位開會與互訪。見面的對象，有老闆有律師有經紀公司有公關公司，有男有女，有東南亞人有歐美人有台灣人有香港人。

不論對象是誰，是甚麼年齡甚麼性別甚麼身分甚麼國籍，我一直秉持著「過門都是客」的心態，以誠相待。如果雙方能夠一拍即合、共創雙贏、一起賺錢當然最好，就算這次沒有談成，也可趁機認識新朋友，日後不論彼此在哪裡，也許還有很多機會合作。

遺憾的是，並不是所有人都有一樣的想法，尤其愈是「長輩」的人，愈容易直接對我擺出各種「特別姿態」。

比如說，有人一見我一個女生走進會議室，就打量我全身上下，露出質疑目光，甚至開口問道：「該不會你們全公司都是小女生吧？」有人則是一見到我就先問：「妳是不是其實還沒畢業啊？」接著是明明知道我的職位，也早已透過電郵溝通多次，當場也像在面試我一般，不停「考核」我的學歷、背景與經驗，還要我「分享一下你在職場上有甚麼具體成績」。

還有人會因我的「外國人」身分，聲稱「你不知道在我們這裡是這樣做事的」，然後胡亂報價，想趁機敲一筆，直到我假裝天真反問：「可是我們先前的內部研究，和顧問公司的報告，都不是這樣說啊？」他們才原形畢露，支吾以對。

更有不少老闆級人士，可能自認甚麼都懂，開會時都仿佛在「開課」，忙不迭地一步步教我應該怎麼做。有時候，你也不好當場道破他的資訊不正確，只好笑笑回他：「其實您講的部分我每天都在努力學習研究，不如我們先進入這次討論的主題，不要耽擱您的時間好嗎？」

遇到這些情況，我的應對方式是克制情緒，讓實力說話。

德國哲學家尼采曾經說過：「凡殺不死你的，必使你更堅強。」因為我的年齡、性別或國籍而遭受到的「特殊待遇」，遠遠不止上面所說的，甚至有更嚴重的狀況，但我都告訴自己：以無知或偏見待人，是對方的選擇或習慣，重點是我該如何做好本份，破除這些偏見，談成生意也贏得尊重。

在現實的商場和職場上，到頭來也只有「實力」才能替自己說話。職場上的年輕人就好比一家初創企業，資源、名氣、歷練與網絡，可能都比不上老牌企業，但我們的學習能力、衝勁、創意和彈性卻可能更優異。善用這些特色，克服考驗與挑戰，我們才可能茁壯發展，甚至超越前浪。

尊重是賺回來的。如果我只是光坐著，期待對方給予應有的尊重，否則就與對方不相往來，甚至當場發脾氣，是沒有辦法改變對方的偏見，甚至會加深對方「年輕人就是不成熟」的想法，更沒有辦法達成工作上的成績。

因此，面對這些狀況，除了深深告誡自己將來千萬別當個看標籤的人，還要加倍要求自己，在每個場合都要展現出自信與專業，讓對方發現自己的第一印象是錯誤的。

如何展現自己的自信與專業？方法無他，就是在所有場合之前，無論如何必先充分做足功課，了解對方，並對會談主題預先進行準備，進行沙盤推演。這些聽起來簡單，但其實在忙碌的工作之中，執行起來並不容易。為了一個只有半小時的會面，我往往要花上數小時或半天，甚至熬夜準備。

但努力是不會騙人的：事先準備的完整度，必然與臨場的自信和「氣場」成正比。好幾次在我禮貌但精準地直指討論議題重點，同時適度展現出對對方實際狀況的了解之後，那些原先不以為然甚至輕蔑的態度，便會頓時消失於無形，甚至轉化為另眼相看的格外尊重。

或許在台灣、香港等地，多數知名企業家、大老闆都以高齡的前輩居多，社會上也較習慣「長幼有序」的價值觀，但在歐美等初創發達的國家，甚至新崛起的東南亞市場，卻有無數不到三十歲或三十出頭的年輕企業家，正在商場上嶄露頭角。

年齡大小，跟你對一個領域的投入程度、熱情高低、準備充分與否、對交手對象和場合的理解和尊重，都沒有關係，而這些，才是真正構成「專業」的要素。

要知道，在如今這個幾乎所有產業都面臨範式轉移的年代，不論資深或資淺，也都只有持續充實能力，不斷學習精進，才有可能維持自己或企業在商場上的影響力。

還在用標籤看人，因為年紀小就看輕對方？這其實正是一個人、企業或社會故步自封卻不自知的表現。要如何改變？身為年輕世代的我們，只能先從「比別人更努力，在每一個場合用專業和實力證明自己」做起，並時時提醒自己，不要重蹈這樣的覆轍。

我願意虛心學習，也願以誠待人，但總有即使上述「自我建設」已完備，仍讓人感到實在離譜到難以接受的惡劣情況，這時候又該怎麼辦？

這時我會深呼吸一口氣，提醒自己，以後不要成為這樣的人，並在心裡默默地跟對方說一句話。這句話，也想給同樣因年輕而被輕視的你參考：

「如果你因為我的年紀、性別就看不起我，那是你的問題——你會看輕我，只是因為你自己在我這個年紀時，甚麼都不會，甚麼也不是。」

那些難言和難聽的話

工作上遇過很多不同類型的記者朋友，有些有風骨，有些很持平，有些很熱情，也有些希望借我口寫出自己的想法，或是需要找 juicy 的題材搶眼球。有好幾次，記者的理解都有點扭曲我的話，即使明白他的出發點，但我還是有點不吐不快。

記者：「某公司高層說對上司講話七分真三分假，你也是這樣做嗎？」

我：「不行，我覺得要誠實跟直接，這是我的原則。」

記者：「即使老闆不愛聽真相，你也要講？」

我點頭：「將心比己，我也不希望我的團隊因為怕我生氣而不如實點出問題。」

記者：「那你不怕講了真話，老闆會不高興解僱你嗎？」（我知道他在努力要我講討好上司的「金句」，連旁邊的攝影記者也側目了。）

我：「我覺得工作不應該違背自己的道德價值觀，如果老闆因為我的誠實而生氣，甚至最壞情況要解僱我，我都問心無愧。如果要為一份工作放棄自己的原則，代表你未必適合這間公司。」

後來，這番話在他筆下，變成了年少輕狂的妄語。我明白讀者要看甚麼，挑起大家對年輕人的指責、千禧後的不懂人情世故、年少得志的傲嬌，大家都喜歡看，但我心裡還是不舒服，不是怕老闆真的要解僱我，而是很怕大家誤會了「誠實」可以成了你「目中無人」的擋箭牌，或是讓「不怕被炒」成了你工作表現不好的藉口。

你沒法想像在不同人的理解或筆下，會有多少以訛傳訛。每個不認識你的人都可以在網絡上指指點點，我失落過，傷心過，理性的聲音當然會勸自己不要理會，但是個人情感上還是有點受傷。經歷過無數的啞子吃黃蓮，心臟也就變得更寬更廣更強大了。

高中的時候，歷史老師跟我說：「老師跟傳媒都是最危險的職業。」因為他們就是傳播思想的媒介，前者影響孩童，後者影響大眾。如果他們沒有職業道德，沒有做好榜樣，或是受眾沒有批判性思考，就會後患無窮。我們都應該學習做一個有質素的讀者。

學習面對懷疑自己的心魔

其實，我很怕受到稱讚，我很害怕早晚一日會被人揭穿自己不配擁有世人眼中的成就，或被發現一切都只是過譽，因為我一直覺得自己沒有大家想像中那麼優秀。

正如演員Emma Watson在二零一五年接受時尚雜誌《Vogue》的訪問中，坦承自己「每次獲得演技上的認同，我都會感到不自在。我覺得自己像個騙子。」

這是一種心理現象——冒名頂替症候群（Imposter Syndrome）。有些人在獲得成就的時候，不會覺得開心，反而覺得害怕、不安，而且變得更焦慮、更想逃避或更要求自己。他們可能不會說出自己的心聲，但認為自己總有一天會被揭穿真面目，受到大家唾棄。

幾乎每一日，我都會懷疑自己一遍：「這個決定對嗎？是最好方案嗎？」「這樣的說法，合理嗎？」「這份預算，我算法合邏輯嗎？」「這份報告，有具備大家要看的資料嗎？夠宏觀嗎？」

懷疑自己，就像進入了死胡同，腦海每天仿佛都有最少兩種聲音展開多場辯論。每當有一些計劃、報告、提案或決定要向老闆、外部夥伴或同事闡明之前，腦海的天使與魔鬼可能已經交戰了三、四回合。

每一個稱讚，對我而言都「受之有愧」，也是加在肩膀上的無形壓力，因為我沒有大家想像中這麼聰明、有才華，我唯一的優點只有無畏的勇氣。我沒甚麼了不起，只是一路上比較幸運。

我打從心裡覺得別人期望過高，更加擔心「少年得志大不幸」，所以只好迫使自己要努力一百倍，才不辜負別人由衷的稱讚。

坐上火箭的勇氣

二零一六年，公司急速成長，海外擴張刻不容緩，老闆找來我們幾個年輕人開始討論和部署計劃。

那時候，我才進公司不到一年，便委以東南亞市場拓展的任務。老闆說，負責香港市場的我算是對海外拓展比較有經驗，可以理解當中的需要，對公司內部又熟悉，可以協助海外同仁溝通和上軌道。

跟我一樣被委以重任的，還有兩個隊友，一男一女。我們年紀都很輕，而且同樣沒有當地的經驗跟人脈，不同的是我們被委派時的反應。

一向勇字當頭的我還是有點怯懦，即使愛挑戰極限，但對自己的能力心存疑慮：「我真的可以嗎？」「萬一我毀了事情怎麼辦？」「我有甚麼過人之處可以勝任這個崗位呢？」

那個晚上，我跟女隊友一直討論，到底我們憑甚麼走到這個位置，質疑著自己的能力。相反，男隊友二話不說就果斷答應老闆：「好，我來試試！」

這件事多少反映了男生跟女生被賦予任務時的不同取態。男生們壯志高昂，面對挑戰會無所畏懼地走出來說：「好，我會做好的！」但女生都顧慮較多，而且會一直懷疑自己跟否定自己。

記得當時，我還在社交網絡貼文：「接下來新階段會有更多挑戰跟考驗，默默迫著自己跑更快趕上進度，但其實心裡很害怕跑太快跳太高會摔到，高處不勝寒。」

在那之前，我曾讀過 Facebook 營運長 Sheryl Sandberg 的作品《挺身而進》（*Lean In*），裡面記載著她當初考慮 Google（當時還未發展得很大）的工作機會時也有很多顧慮，因為她不知道自己可以做甚麼，但她得到這樣的生涯建議：「挑選工作唯一重要的標準，就是快速成長。公司快速成長時，要做的事情比做事的人多，公司成長緩慢或不成長時，要做的事情就比較少，太多人沒事做。」「如果有人給你一個火箭上的座位，不要問位置在哪裡，上火箭就對了。」

這句話太深刻，一直印在我腦海，我把這句話贈予女隊友：「我們一起上火箭吧！」就是這樣，這艘火箭把我們帶到亞洲不同地方，甚至走向國際的舞台。

往後，看到團隊內每個被賦重任但又懷疑自己的女性，我都會送她這本書，鼓勵她跟我一起挺身而進，捉緊坐上火箭的勇氣。

每段旅程中，最重要是認識自己

有次演講，有人問我這份工作、這段路程最難忘是甚麼。其實很多事情都令人很難忘，例如看到產品上線、心目中的活動完成、第一次收離職信，又或者種種被拒絕的場景，每一個畫面都記憶猶新，但我想最難忘的事情，應該是在這段路程上更認識自己。

好多時候，我們都以為自己是一個怎樣怎樣的人，但總有些時候，你會發現原來這個「你」，只是你一直想像出來或努力營造的自己。可是在路上，不同的挑戰和考驗把我推到極限，讓我不得不面對自己最真實的模樣。

從小到大，我都一直以為自己很樂觀，至少童年時期經歷過不少考驗磨難，我都能以正面態度來面對。我不怨天尤人，也不自暴自棄，也不隨便流淚，所以我一直以為，我的個性很樂天知命。可是，過去那幾年，我在各個小情景中發現自己原來不是想像中般，許多關口我也沒法用「樂觀」面對，也沒法用正能量去鼓勵自己，反而看到了自己許多黑暗面，又或者情緒化和多愁善感的一面。晚上睡不著的時間，我就憂慮很多還未發生的事，或擔心會出現的問題。

讀書時期，老師都說我未來會做公關，因為我擅長跟人交流，跟任何人都可以聊天。學生總會覺得老師的判斷是對的，所以我也誤以為自己很樂於跟人溝通，易於跟人建立朋友關係。後來我才醒覺，原來我「擅長」及「可以做」這件事情，不代表我真的喜歡去做。如果可以選的話，我比較喜歡獨處。朋友說他週末喜歡聚會，但我放假只想一個人在家放空。我喜歡也享受一個人旅行、一個人生活、一個人吃飯、一個人去想事情或一個人看電影。原來，我沒有自己想像的外向。

我知道自己「工作中需要的模樣」，但下班以後，我開始更了解現實生活的自己。以前，對於「處女座是完美主義」的說法覺得很荒謬，因為從小到大我一直都以得過且過的心態過活，被長輩唸我做事隨便馬虎，在生活管理上更是完全沒追求。出來工作後，我才意識到完美主義細胞原來早已植根，我會因為做事有一丁點瑕疵而耿耿於懷，接受不了自己犯錯，而且還會一直懷疑自己責備自己。一個小案子，我可以因為別人眼中一個「小落差」就心裡不舒服，在心裡糾結好幾天。

在不同的時期，又或者不同的場合，我們都會有一個屬於自己的形態。待人如是，很多別人的主觀「形象」，都是我們感受到的單一面向。每次有人說很了解我，又或是評價我是怎麼的人，我只會報以微笑，因為連我本人都還在認識自己的課堂中尋覓。

認識自己是重要的一課，要接納跟承認那個真實的自己，因為像蔡康永說：「自己是跟我們相處最久的人。」

06 感謝走過的路

工作以外，還是有生活。生活的五味架正是組成我們個人特質的粒子。

每一段走過的路，都是認識跟創造自己的過程。為了創造一個更強大的自己，我選擇辭職，帶著不捨的心情離開這個陪我長大的舒適圈，並重新整理一路走過的路，讓我更有勇氣地走下去。

我選擇再次踏出舒適圈

我決定離職了。

我收過許多離職信，但卻是第一次真正寄出去，按下「送出」時，心情是戰戰兢兢又鬆一口氣，忐忑大概是因為要正式跟我的青春、一手一腳建立的心血告別了。跟老闆離職面談時我也忍不住泛淚，我在這個地方實在留下了太多感情。

不要質疑我對這個地方的愛，我在這裡的時間跟感情投入都比以前任何一段戀愛多。提出離職後的三個月，我比前一年忙得更瘋，沒有好好吃飯，亦沒有好好睡覺，好幾次快血壓低到暈在路上，正式離職前幾天還在喝醉後一直大哭，糾結自己怎麼做得不夠好。

我一直在想怎麼把離職的影響減低，怎樣留少一點爛攤子，但其實不管怎樣，這些未完成的都會是爛攤。最捨不得大概是自己的團隊，覺得自己沒法好好幫助他們成長，也沒法再陪住他們，但是當你知道自己在一路上有默默啟發了一些人成長，或是他們覺得因為受你的感染而想要變得更好，還是蠻感動的。我們都只是每個人生命中的過客，能一起走一程，一起學習跟經歷就已經很不錯。

在這裡已三年時間。踏入二十五歲的我，決定要在這年來個新突破，我不想一年以後抱怨自己沒成長，在做一樣的事情，畢竟這段時間，我還是嫌棄自己成長得不夠多。我是一個很怕自己不夠進步的人，也很擔心自己過得太爽太舒服，害怕自己留在舒適圈久了，會失去適應外面弱肉強食的世界的生存本能，也擔心自己有天成為五隻猴子的故事一樣故步自封不求變，被「習慣」養得安逸，不進即退，更不想養大自己的自我，所以想要去一個陌生的領域，從頭開始。

大多數人，離職都源於對公司的不滿或委屈，但對我來說，每家公司都有它的缺點跟局限，不知自己想要甚麼的話，去哪個地方都一樣，所以我離開不是想要從這裡逃跑，而是認清了自己想要的方向。

別人問我下一步想做甚麼？我裸辭了，到離職那天也沒有想好下一個目的地，因為想忙完以後停下來細想，才可知道內心真正想要的是甚麼。目的地不一定是初創，也不一定是旅遊業，更不一定留在香港，就是因為不設限才可以創造。只要以後的路充滿挑戰跟可塑性、看不到盡頭、跟我人生使命及價值觀有連結，也讓我能成為更好更出色的人，那就可以了。

不需要救生圈、下鈎的錨點，或是停泊的港口，只要清楚 why you go 跟 who you with 就可以了。我知道如果我決定了要做的事，就一定會全力以赴到感動自己，做得漂漂亮亮。

希望十年前就知道的事

有天回母校跟學弟妹分享，我在想怎樣的題目才適合呢？十五歲的我又會想知道甚麼呢？如果時光可以倒流，我希望跟當時的自己說些甚麼呢？

這次演講也正好分享給我弟。我弟跟我年齡差大約九年，正在念高中，是個人細鬼大的小暖男。他跟我感情不俗，喜歡跟我分享生活，不管是社交媒體、流行文化或感情生活（由他五歲開始，我就已是他的愛情軍師），就算相隔三個 Generation gap，感覺仍沒有太大代溝。我搬出去住以後，見面的機會少了，難免少了談心的機會。有一晚，他突然約我二人晚餐，作為姐的我第一反應當然是驚大於喜，想他一定是做錯事，要我幫他收拾殘局。

做好心理準備的我，還未坐下就逼他從實招來，豈料他第一句問我：「姐，你怎麼看香港的未來？」「二零四七年後的香港會變成怎樣？」「我們這一代或是下一代還會有希望嗎，還有地方住嗎？」

我有點訝異眼前這個十六歲的少男雖然每天打機，卻居然在思考這些問題。他還心灰地說學校的低年級學生已很少說廣東話了，原來這個小腦袋還未生銹的。

我沒法用一頓飯就好好解釋清楚自己怎樣看未來的香港，畢竟這個城市有太多變數跟不確定，有理說不清。我只能跟他說，我們可以做的就是繼續裝備自己的實力、提升自己的競爭力、培養自己的世界觀，以及增加自己可以在未來世界流動的彈性。

最悲觀的不是大環境改變或者「the city is dying」，而是我們將這種對未來的無力感，當成放棄奮鬥或抱怨人生的藉口。

以下幾件事，都是我由衷希望十五歲的自己已經知道。

1. 發掘興趣跟長處

即使沒法做第一名也沒關係，因為班上只會有一個第一名，而我們亦無須追求自己一定要成為哪方面的第一名。盡力去發掘自己的長處跟興趣，千萬不要被學校量度學生的尺，去否定自己的價值跟意義。

2．跳出舒適圈，積極冒險

跳向未知，不怕跌倒，才會有無限可能。年輕的我們，最大本錢就是機會成本低，沒有太多生活壓力，可以去追求更多挑戰和考驗，跌倒了也可以重來。安穩會讓人退步懶惰，「不要在該吃苦的年紀選擇安逸」，也不要讓未來的自己因為「沒有做甚麼」而後悔。

3．不要依賴別人告訴你未來怎麼走

長輩們、老師們都很喜歡幫你去想像你的未來，「啊！你長大一定適合做甚麼甚麼職業」，久而久之，你也會誤以為自己很適合這樣走。你亦不要因為為了滿足誰的期望而走別人想要的路，他們不是你，他們沒法去決定你的人生。

4．多閱讀，了解世界

教科書永遠跟不上世界變化，特別是網絡世界千變萬化，只專注從教科書上獲得知識，只會令我們與時代脫軌。不要甘於現狀做井底之蛙。要了解世界，就要在未知的路程上發掘，帶回來將是視野更闊心更廣的自己。放眼世界之大，反思自己的渺小，亦要尊重及包容其他文化，做到和而不同。

5．結交良師益友

很感激中學時候有幸遇到一些啟蒙老師。請珍惜那些曾經罵你的人，長大後你會發現被老師罵是一件多珍貴的事，至少他們都是為你好才罵你的。中學結識的朋友，亦是最簡單無雜質的，他們看過你最原本的真實面貌，到你長大後，他們會提醒你從前的模樣，也是你成長路上最好的陪伴。即使到了現在我迷失的時候，仍很慶幸有值得信任的良師益友對我提醒訓誡，把最誠實的話說出來。

6．選擇善良

學校教我們明辨是非的能力，亦教我們怎樣去建立自己的價值觀，也告訴我們規則的作用和犯規的後果。我們在校園開始建立自己的是非觀，明白到「君子有所為有所不為」，但最重要的，其實是我們要懂得如何選擇做一個善良的人，為未來的挑戰建立一個好的根基。長大以後你會明白，聰明是一種天賦，善良是一種選擇。就算世途有多險惡，希望大家仍願意選擇做一個善良的人。

大學舍堂教我的事

獲邀在宿舍的高桌晚宴擔任講者，讓我回到最多大學回憶的地方。在收到邀請前兩週，我才跟堂友說很想回去那無憂無慮的宿舍日子。

這一次，我沒有分享初創故事或經歷，也沒有平日的正經鼓勵，反而回顧了當年在大學或宿舍學到的事。

在離開中學以後，老師給的最後叮嚀是好好享受人生最後幾年的假期。如果當年大學沒有住宿舍，我的大學生活也不會那麼精彩難忘。常逃課的我沒有在知識領域上增長很多，但總算在舍堂生活上有一點領悟。

第一堂課是「享受過程，過一個無悔的人生」。

「搏盡無悔」是比港大校訓更有名的口號。在舍堂第一年，新鮮人的我也試過許多不同身分：樓主、組媽、劇社台前跟幕後、迎新營幹事，大部分時間都用來參與不同的活動。旁人也許覺得很辛苦，但這些時光卻是跟堂友相處最多的時間，我們會一起吃宵、打麻將、圍著說三道四，或是一起賣醉。如果說讀大學至今最後悔的事，應該是沒有花更多時間去賣醉跟流連夜店。那時的我還未知道，原來工作以後，你再也花不起這些燃燒青春的日子；你的時間和身體，都會想盡方法阻止你放肆。

踏入大學之後，我就開始一直旅行。當開始兼職賺外快，感覺到可以自由安排時間（跟逃課）後，我就隨時隨地訂機票出發，特別是淡季時買便宜機票，說走就走，滿足自己對世界的好奇。出去探索，教會你世界之大和人之渺小、人生有不同的可能性，當然也感受到當一隻沒腳小鳥有多爽。

網絡上有好多文章都有分享過，大部分人在老年時都不快樂，往往帶著遺憾過日子，而最後悔的，都是當初為甚麼沒有嘗試或沒有行動。這幾年舍堂生活教會我活在當下，抱著無悔的心去試錯、去行動。

第二課是「不要拒絕任何眼前的學習機會，所有的經驗都是寶貴的」。

中學選修全文科的我，從來不知道甚麼是商業，甚麼是行銷，剛好有人邀請我一起參加行銷比賽，我就二話不說加入了，當然一大誘因是比賽獎金可以當我的旅遊基金，而且因為住宿舍，圈子變得闊了，周邊多了好多奇人異士，又來自五湖四海，讓組隊參賽變得簡單，一整間宿舍有好多人可以支持跟協助你完成不同挑戰（默默地感謝當時無條件幫忙的堂友）。我們最後幸運地勝出比賽，開始了之後的創業項目。

媒體朋友問我：「Why and how?」我都說，「Why not? 我們有 Google!」所有的商業知識跟技術都可以透過網絡找到大部分答案，而找不到的，還有很多堂友可以問，需要幫忙的時候，永遠都有人願意伸出援手。就算到了現在，當遇到不熟悉的領域，例如法律和招聘等，只要一個電話打給他們，我還是可以找到即時的協助。

創業的確又累又痛苦，但卻是錢也沒法買到的經驗。當你選擇擁抱機會，不怕吃苦，這些經驗就會推著你前進。

第三堂課是「Care less」，無須將時間跟心力花在比較或別人的目光上。

Final year 的我忙著跟夥伴創業，沒有時間跟心思找工作，又或者當時的我們根本沒有想過要找工作，只想把眼前的案子做好。當時，旁邊的人包括家人、老師或朋友都給很多反對意見。在他們眼中，港大畢業證書得來不易，應該去投考大公司或政府部門，求個高薪厚職。

大家問我一直冒險，會不會怕輸或失敗？其實我也會問自己，但這是我的人生，有沒有輸或失敗，都只是我的選擇跟看法，應該只有我才可以定義，也沒必要在意別人眼中的我過成怎麼樣，重點反而是我怎樣看待這些收穫。每次冒險都是一種學習，教我學會清除外界的雜訊，聆聽自己的聲音。

我們應把「失敗」定義做沒有做過的事，而不是做了沒有結果的事。

以前的我很在意別人的眼光，亦害怕流言蜚語，特別是剛進入新圈子（舍堂生活）時，每走一步都是小心翼翼，但後來想通了：時間跟人生都是自己的，活在別人口中是多無謂的一件事。「懂你的人不用解釋，不懂的人何須解釋」，勇敢去追隨自己的想法，因為只有自己才知道自己想要變成的模樣。

另一件常犯的錯大概是我們都習慣跟別人比較。他是天子驕子，她是名校出身，或是「有父幹」，所以擁有得比較多，起跑點不一樣，但每個人都有自己的時區、自己的步伐，當我們習慣跟別人比較，就永遠看不到自己擁有多少。停止去擔心流言蜚語，或別人獨斷的評價。自己的時間表自己規劃。

如果沒有這三年舍堂生活，也許我也得不到這樣的感悟，也無法帶領當時跟現在的我去過自己喜歡的人生。大學最無悔的事，就是三年的舍堂生活。但願在大學裡找尋自己路向的人，也可以熱情地迎接未來的機遇跟挑戰。

後記：這篇是在香港大學孫志新堂高桌晚宴的演講內容，原來要把英文翻譯成中文很不容易，哈哈。

第一個人生轉捩點

人生總有些當頭棒喝、瞬間開竅的時刻。我第一個人生轉捩點是十年前，那是我外公離開的日子。那時哭得死去活來的我，決心未來要做一個讓他驕傲的孫女兒。

一九九四年，我媽戰戰兢兢地把我從英國帶回來。外公沒怪我媽任性，反而對我這個孫女寵愛有加，也許當時他也想彌補年輕時沒有好好照顧女兒們的內疚，或是嘗試一下陪伴女兒成長的時光（也當然可能是因為幼童時期的我長得逗人歡喜），所以他把時間跟愛都留了給我，填滿了我父愛的缺口。

小時候，風度翩翩的他帶著我遊山玩水，把我寵成一個刁蠻任性的小公主，家裡誰欺負我，我就拿外公做擋箭牌。但愛之深責之切，他也曾經打我一記耳光，也是唯一一個打過我耳光的人，那是因為我對家裡的傭人姐姐沒禮貌。這一記，打在我身痛在他心，教會我這輩子對著所有人都要帶著尊重跟禮貌。我的處事圓滑、禮多人不怪，都是在他身上學回來的。

年輕的他年少氣盛、我行我素，讓師長頭痛不已。他足跡踏遍世界，單人匹馬就壯遊天下，四海為家，隻身跑去外地工廠開荒。沒想到他的孫女兒，完完全全遺傳了這些愛冒險愛自由的 DNA。

二零零八年的一個意外，一夜之間就帶走了他。他明明只是發燒，半夜獨個兒看急症，卻被誤判病情，錯誤開刀引致併發症，在病床上再沒有醒過來了。他唯一的遺願就是希望我可以上大學，所以我再不喜歡讀書還是考上了。沒有了靠山，我變得獨立；沒有了撒嬌對象，我變得堅強。也因為這樣，我收起了所有大小姐脾氣跟驕縱，成了今日刻苦耐勞也不會叫痛的女漢子。遺憾是他沒有看到十年後，這個孫女也沒有太丟他的臉。

因為他的離開，讓我的家人很珍惜仍能一起共聚天倫的時光，也成了每年都有一趟家庭旅行的原因。他離開十年了，有一些痛跟傷是沒法因為時間而癒合，但卻可轉化成另一種推動力。活在當下，把先人的精神延續下去，應該是對他們最好的悼念方式。

不完美，也沒關係

不曉得有多少人跟我一樣，覺得跟家人相處溝通是一種學問。不過換角度想，他們又何嘗不是為著跟我們溝通而煩惱？那個手抱娃娃，轉眼變成會跟自己對著幹又不聽話的成人，每次對著媽媽抓狂或出現溝通矛盾時，我都提醒自己：「沒有一個母親天生就知道如何成為好母親。」

聽說，孩子要不是跟父母長一樣，要不跟父母完全相反，而我絕對是後者。因為看不過眼我媽的浪漫主義，練成了我今日的理性。每次對著她亂七八糟、不切實際的想法翻白眼時，我都會安慰自己如果她沒有這種特質，我也不可能出現於世上。

當年，她是典型少不更事、未婚懷孕的丫頭，還怕家裡壓力，跟男朋友私奔到英國。聽說最後因為生出來是個女的「賠本貨」，所以男朋友就跑了，剩下她一個人帶著我回香港。沒有努力讀書的她只能當藍領，每日加班工作，沒時間照顧女兒，但幸好家裡多姊妹，每個人都把這個娃娃寵上天，三個姨母都搶著帶我出去玩、逗我笑、陪我長大。沒有親爸爸，卻換來多三個媽媽。她們到哪裡都會帶上我，這不是說笑，我可是跟她們一起遊盡天下（雖然主要是日本）。如果沒有她們帶著我看世界，我也不會看到天空可以有多遼闊。當年才二十出頭的她們也要忙工作，所以在同齡孩童還在父母懷裡撒嬌的時候，我已經在學習打理自己的生活，盡量不讓別人操心，小學開始已經可以自己上學、去補習班、自己買書、買文具、自己完成功課，只是偶爾會花時間看電視而被罵，又或是不愛吃生菜而被訓示。每個「媽媽」都對我很嚴格，教我道理，教我禮貌，教我待人要善良，教我「施比受更有福」。

每個人的人生都總有不如意或是沒法控制的事情，但與其埋怨自己沒有甚麼，不如回頭看看我們擁有甚麼。「家家有本難念的經」，我們看到別人好的，都可能只是表面。在我們的生命裡，沒有誰的付出是必然的，人生有太多沒法控制的事，即使我的家庭跟童年不完美，但我覺得夠圓滿了。

謝謝你當我沒血緣的父親

四歲的時候，我媽再嫁人了。婚禮以後，我就改口叫他爸爸。他的人生一點也不容易，但他的堅毅跟無私，對我影響深遠。

跟我媽結婚前，他得了血癌。當年只有二十多歲的他就躺在床上接受一年化療，同年的人都在社會打滾，吃喝玩樂，但他卻在病床上過著難熬的日子。幸運地，他康復了，生活重上軌道。病癒的他看得很開，又或是真的很愛我媽，所以他不介意共同撫養我這個沒血緣的女兒。

從那時開始，我就知道他是永遠的 Yes man，所以每次詐病逃學，或是跟朋友約出去夜歸，我都先跟他說，託他幫忙搞定我媽。後來弟弟出世，雖然當時我只有九歲，但我已經很豁達地跟大家說父母比較疼弟弟是應該的。我到現在也理解不了為何那時的小屁孩這麼懂事。

二零零七年，一個惡耗摧毀了一切：爸爸確診鼻咽癌三期。晴天霹靂的大家，只可以硬著頭皮面對一切。那一年我日復日下課後接弟弟，再去醫院探病，再買菜回家煮飯做功課。我媽成為家庭支柱，我倆就一起照顧受病魔煎熬的爸爸。看著他日漸消瘦，藥物反應很大，就非常難過，但總不能在他面前哭。感恩命硬的他，還是戰勝了第二次癌症。

大概是受病魔跟藥物影響，他性情大變，變得很容易動怒或發脾氣，當時還有點傲氣的我知道在家會被當作矛頭或是出氣包，不願回家就逃去圖書館。生氣時，大家都很容易把氣話衝口而出，一發不可收拾，雖然心裡想關心他，但卻完全無從入手，甚至在他病癒後，有段時間我也完全不想理他，不想跟他說半句話。

上大學以後，跟他的接觸變得更少了。有個晚上，他發訊息約我聊一聊。他跟我分享了很多，說他擔心自己病情復發，沒人照顧弟弟，又跟我談了跟我媽的婚姻沒法維繫下去的事。他跟我說了很多話，讓我哭了很久，但他也再三提醒我：「無論發生甚麼事都好，只要你叫我一句爸爸，我有能力的一定會做」。

他雖然學歷不高，但常常提醒自己要努力賺錢；他雖然能力不多，但只希望可以滿足我們的希望；他雖然有怪脾氣，但只因為病魔纏身。

即使經歷過兩次癌症，他也沒有放棄生命，因為他知道家中孩兒還未長大，所以自己一定要康復。他從來沒有埋怨上天給他這樣的一條路，反而康復後去做義工，幫助跟鼓勵其他癌症病人。他從來不奢望榮華富貴，只是想餘下的時間開開心心，子女健康成長。

即使他不完美，但我還是感謝他，感謝他願意當我沒血緣的父親，教會我堅毅、不服輸跟不計較。

練習告別：那個跟我一起長大的遠距離男友

「你工作不要那麼拼，男生會怕的。」「沒有男生敢追你了。」「太強悍的女生都找不到男朋友。」「你要記得，女人還是要找個好歸宿啊。」

這幾年，好多身邊人都給我這樣的勸告，大概因為同齡人都進入成家立室的人生階段，加上我跟交往三年多的男友分開了。大家開始對這話題議論紛紛，在大時大節還會給我一些壓力，為我著急。

二零一五年的夏天，我在芬蘭當交換生，當時沒有同學跟我一起去，所以我還是獨來獨往，在課室隨便找個位置坐下。當時有個亞洲男生推門而進，眼神示意我坐了他的位置，但他就裝酷，坐在我對面。過了幾天，他開始坐到我身旁跟我搭話，我才知道他是從越南來的留學生。之後幾個星期，他都帶我觀光吃飯，後知後覺的我，當時還不曉得是怎樣的一回事，直到我離開芬蘭前一晚，他在台上唱歌給我聽，我才恍然大悟。

大概因為我一直要求自己在愛情前要絕對理性，我知道這樣的遠距離關係很難維繫，所以那個晚上，我們只是默默說再見。

離開芬蘭後，他還是會找我聊天，我也有跟他討論當時決定放棄創業項目或找工作的事。接下來的半年，我們在幾個城市也有相遇。我第一個月在台北上班，他出現在捷運站接我，卻完全被沒戴眼鏡的我忽略了。每次相遇的感覺，我都很肯定這段感情的真實，所以我最終放棄自己的堅持，讓這愛苗成長。

在充滿淚水跟壓力的初創生活期間，在沒法找人傾訴的時候，他還是可以逗我笑，和我一起分擔。跟他一起的時間，我可以完全放鬆不想公事，最慶幸的是遠距離的關係不會佔我工作太多時間。

二零一六年他畢業了，為了跟我在同一個城市，一直嚷著要回來亞洲工作。他求職的同時，我卻拿到了一封美國的聘書，實在是一個幽默的惡作劇。不過，鑑於當時香港市場發展還未穩定，加上老闆想外派我去東南亞，我就決定不去美國了。而他也剛好去了新加坡的初創媒體，在東南亞穿梭，再後來回去越南，發展自己事業跟接管家族生意。

交往這幾年，我們互相幫忙事業。他幫我看了很多數據跟行銷案例，又幫公司做了不少影片內容，還為我介紹員工跟分析各項人事；我也幫他做了好多市場調查、計劃書或給投資者的財報。我佩服他的膽大心細、異於常人的思考方式跟決斷力，他也欣賞我的感染力、學習力跟不服輸不怕苦的毅力。這段關係，迫著我們一起接觸各式各樣的新事物，向著不熟悉的領域研究。遇到重大決定時，我們可以打給對方理性討論跟分析，務求一起作出最好的決定。

因為我們都愛旅行，所以接下來的兩年，我們每個月都在一個新的城市見面，而路上也一直陪伴對方經歷不同的高山低谷跟重大決定。女朋友在事業上一直往前，無疑給了起步遲的他一定壓力，但他的夢卻比我宏大，他的野心跟決心都被激發出來，成為了今日身兼多職、可以以一敵十的創業家，而我也一直被他嘮叨著要建立屬於自己的成就，迫著我向新的領域挑戰。慢慢發現，我們一直影響著對方走到這裡，成為今日的我們。

二零一八年，因為證件的問題他要回去芬蘭了。一開始，我也有思考自己有沒有辦法跟他去那邊生活，但大概我們都有很強的好勝心跟事業心，所以在我們的優先序中，都把愛情放到最後了。工作愈來愈忙的我們沒有再花心思跟時間見面和溝通，我們心裡都知道這樣的遠距離不好維繫，所以最後還是有共識地分開了。

一起走了二十五個國家、四十個城市，我們把身分變回好朋友，這是一種人生的取捨。有些人來到你的生命，是為了陪你走一程，給你上一課。分手的晚上，我們聊了好多，怎樣一起成長，怎樣一起在世界各地留下足印的回憶，並答應未來的路上會繼續成為對方追夢的後盾，也一定要成為比現在更好的人，才不枉我們今日下的狠心決定。我知道未來的我們，一定會為對方的成就而驕傲。

我很少跟別人提及自己的感情生活或是對愛情的想法，又或者我從來都沒有好認真地想這個問題。身邊的朋友都替這段感情告終感到可惜（大概因為好不容易才看到有人治到難搞的梁珮珈），但我卻慶幸這幾年在畢業、追夢、尋找人生方向的路上，有過這麼一個一起前進的同伴。

＊＊＊

朋友們問我放下了嗎？可以 Move on 嗎？其實分手後，我大概傷心了兩天，之後就重回軌道。現在再談從前，還是翻到舊照片，已有一種釋懷的感覺，只覺得感恩過去有一段這樣的經歷。

現在的我，還是喜歡自由自在，當個野孩子，一直探索各種生活跟未知。問我以後還想找對象嗎？怕不怕沒男生敢追求？我還是覺得一切順其自然就好。

我的「旅行的意義」

我是個被認證過的好旅伴，可以跟任何人旅行，而我最喜歡的旅遊方式有三種。

第一種是跟自己對話的旅行。

我喜歡獨遊，喜歡把自己流放去世界另一角落，檢討跟反省自己。透過這些旅行，我洗滌身心的負能量，同時思考自己的下一步；聆聽內心的期盼，檢討自己的不足，然後儲夠能量重新出發跟啟程。目的地是哪兒都不重要，重點是找回自己的過程。

第二種是在新的地方觀察人文。

我不是收集景點的人，更沒有收集世界各地主題樂園的喜好，就喜歡買張機票跑到不同的新地方。我最喜歡坐在咖啡廳觀察當地人的生活，了解他們的文化跟背景，亦會搜尋關於當地的文化跟歷史。學習放眼世界之大去反思自己的渺小，尊重及包容和而不同的文化，帶回來是視野更闊心更廣的自己。

第三種是隨意的小流浪：希望每天睡醒在不同的地方。

一直很想去流浪，但始終要工作，還不可能一走了之，去一個沒有終點的旅程。心裡是想拿個背包說走就走，暫時做不到的，就偶爾利用一些長假期，開展了小流浪。

這些小流浪的目標就是每天睡醒在不同的地方，在有限的時間內去探索，沒有指定路線，只有三個大原則：

1. 只選當天最便宜的機票就決定目的地；

2. 不去去過的國家；

3. 每地方至少逗留十八小時，看到白天跟黑夜。

因為沒有計劃，我的流浪之旅通常既充實又驚喜。我每天在搜尋引擎「Everywhere」，就在一週內參觀了瑞典的展覽、品嘗了比利時的美食、在匈牙利泡了羅馬浴場、到訪了冰島的藍湖、感受了挪威的冷豔。每一個地方都夠我寫一個關於她的故事。我沒有深度遊，也沒有跑景點，只想單純感受那個地方的獨特文化，珍惜在那個地方僅有的時光。

每趟旅行，都是在未知的路程上出發，為生命注入活力跟養分。

看書，看世界

我這個人沒甚麼大興趣，如果要挑一樣，應該就是閱讀，沒有之一。既不好藝術又不好運動，曾經思疑自己是個大悶蛋，但想了想，有個興趣自己好像不察覺——其實我很喜歡逛書店跟看書。

每次出外甚至出差，我的口袋裡通常最少備有一本書，而且還是實體書。紙皮的質感來得比較實在，而且可以寫上記號或抄寫。在機上沒網絡的時候，就是最佳的閱讀時間。閱讀的力量，就是在最煩擾最迷失的瞬間，找到一絲平靜跟療癒。

閱讀，就像一條通往過去、未來或是世界的鎖匙，帶你通往遠方。心有鬱結時，書本可以給你情緒的出口，字裡行間的溫柔可以給你力量，遇到棘手問題時，聚集百家智慧的書籍更可以給你指點迷津。

我挑書時只看書摘跟目錄，若有一兩句打動我心，就會當機立斷買下來。無論是心靈療養、個人成長、追夢歷險、思考方向、商業企管、成功經驗、哲學文化都是我的菜，這幾年購入的書籍連一個大書櫃也裝不下，不過我相信這是最好的投資。比起一直躲在自己有限的認知，能夠開拓及發掘未知的領域有趣多了。

我也喜歡把書籍作為禮物，贈予我重視的人。物輕情義重，透過對當事人的觀察，送他一本值得他看的書，希望賦予他變更強大的力量，也希望成為他解憂的慰藉。成年後，你未必會再把所有關心掛在口邊，但一本尚友古人的書，千言萬語在心中。

又有很多人喜歡問我：「如果只可以挑一本書，你會推薦哪本？」閱讀可以有目的性，翻開書籍前要先知道自己的期待，但知識是累積而來，沒有一本可以教你一步登天的書，也沒有一本書就可以教你成功。

「三日不讀書，便覺語言無味，面目可憎。」跟你說，其實我也有同感，如果一星期沒看書或新文章，便覺得有成千上萬隻螞蟻同時在啃食著我的細胞。

人生最重要的兩天

「如果明天就死了，你有甚麼遺憾嗎？」

這是一個老生常談的問題，但也是我跟朋友們常討論的話題之一。我認真思考過這個問題，但相信年紀跟閱歷不同，會有不同的答案。

以前的我可能覺得沒去流浪是遺憾，又或者旅行不夠多，又或是沒有完成甚麼事，就會是生命的遺憾。但我現在覺得，要是我明天就死去，唯一的難過應該是沒法再陪伴我愛的或是愛我的人繼續走下去，但我還是會帶著無憾的心情離開世界。

二零一八年有一天，當時心有離職的打算，我為了一個新聞稿忙了一整天，擔心這事，又擔心那個，實在不想出任何岔子。我的同事看到我，說很期待看看十年後的我會變成怎樣，因為現在的我已經如此認真了，不知將來會如何？

於是，我也問自己為甚麼會這麼緊張，畢竟不是第一次發新聞稿。我細心想想，可能是因為我真的想做好這件事，因為這次可能是我最後一次負責的新聞曝光了，心裡面開始倒數自己要離開的時間，想留一個最好的回憶，也想留一個最好的結尾。

Steve Jobs 曾說過：「把每一天都當成生命最後一天，你就會輕鬆自在」他又說：「提醒自己快死了，是我在人生中面臨重大決定時，所用過最重要的方法。因為幾乎每件事——所有外界期望、所有名聲、所有對困窘或失敗的恐懼——在面對死亡時都會消失，只有最真實重要的東西才會留下。」

一生只要兩天，就擁有了每一天：用「最後一天」的心情去選擇下一步，我們會更有方向；用「第一天」的態度去做每件事，我們會更有活力，更能成功。

如果每一次、每一件事都當成最後一次，也許會是一個最好的結果；如果每一次見面都當成最後一次，也許會更珍惜相處的時間。

給十年後的我

曾經有記者問我，預測五年或十年後的自己會成為怎樣的人。幸好，當時老闆早已叫我訂一個長期目標和十年計劃，所以當日我可以很自信地回答這問題。

以前的我都沒想過未來的人生規劃，又或是對未來的憧憬。在我第二次提離職的時候，老闆覺得我只是剛好墮入倦怠期，而我需要一個十年的長遠目標，才可以繼續跑下去。因此，我當時開始想像十年後（三十五歲前）的我會成為一個怎樣的人。

我常問身邊的朋友，你覺得人活著的意義是甚麼？人生的意義又是甚麼？不知道你相不相信，但我覺得每人來到世上，都有屬於他的個人使命。

我在想，自己最快樂最滿足是甚麼時候？後來我發現，我最喜歡的感覺不是得到金錢報酬或名成利就，而是我有能力、知識跟力量去幫助身邊的人，或者能夠成就他們變得更好，那我就心滿意足了。

我相信這也是我想要的人生使命：Be a giver。

關於十年以後的想像啊……我希望自己長出來的不是皺紋而是智慧，藏起來的不是脂肪而是閱歷；

我希望自己不要成為無趣的大人，一直創造更多新鮮有趣的故事；

我希望自己不會故步自封，持續學習跟進步，不被社會淘汰；

我希望擁有健康的體魄，保持活力做更多事，去更多地方探險；

我希望現在在乎的人依然在身邊，不會因為時間流逝而退場；

我希望重視的價值不被磨滅，保持謙遜跟感恩，保有熱情跟勇氣；

我希望自己可以不為錢而工作，而是為了貢獻社會而付出；

我希望自己繼續堅持相信的價值觀，同時發揮正面的影響力，哪怕只是影響到一個人。

我不用成為任何人，我只需要成為一個自己會喜歡的大人，就好了。

後記　練習勇敢

後來才明白的道理：不一定是要跳傘或與獅子共舞，才叫勇敢；不一定那種有夢去追的人，才需要勇氣。有勇氣的人，不是天不怕地不怕，而是有所畏懼依然有所行動；所謂的勇敢，就是面對眼前的未知跟惘然，仍然敢於聆聽自己內心想法去嘗試一次；所謂的勇敢，就是用盡全力、義無反顧地為自己活一次。

也許以前的挫折，會讓我們怯懦；也許曾經被拒絕過，讓我們放棄嘗試；也許世界的殘酷磨蝕了我們的初心，讓我們把自己收起來。

不過，我相信勇敢是可以練習的。就讓我們從各種微小而簡單的事情開始訓練出勇氣來。

例如，回家跟父母說句「我愛你」。

例如，跟那個多年不見卻想念的舊友發個關心的訊息。

例如，原諒並祝福那個曾經傷害過你的人。

例如，去跟那個你傷害過的人道歉。

例如，向你喜歡的人誠實地告白。

例如，向五個曾經在沿路幫助你的人表達謝意。

例如，在那些你相信的人面前大聲說出你的夢想。

例如，坦誠面對自己的軟弱，承認自己沒想像中堅強。

例如，發個訊息跟我說，你需要一些支持跟鼓勵。

例如，把這本書送給一個需要勇氣去面對挑戰的朋友。

例如，在社交媒體分享一件最近做過最勇敢的小事，給身邊的人一些前進的力量。

老實說，要完成這本書，也是需要一些勇氣。感謝摯友一直鼓勵我，要坐言起行完成想做的事。感謝編輯一直提醒我，全力以赴盡力就好，銷量還是就聽天由命。感謝蜂鳥出版一直相信書的意義，讓文字點路提燈取暖的力量，得以傳給更多惜字的知音。若我當初瞻前顧後想太多，怕它賣不出去，怕自己的文筆太粗糙，怕自己的故事不夠世故歷練，我一定沒法完整地回顧一次這些年的經歷，沒辦法檢視自己的中期成績表，也沒法給二十五歲的自己一個新嘗試新突破。感謝你忍受著以上這些不完美而讀到這裡。希望你，也可以把這些種子傳開去，讓更多人為世界帶來改變，帶來動力。

當你決心做好一件事，它就會引領著你看到不一樣的風景，一個屬於你自己的世界。若然嘗試的結果沒你想像中那麼糟，那你還怕甚麼，還遲疑甚麼？「我做到了」的感覺很好，未來的你，會感激那個勇敢又努力的自己。只要你願意踏出那一步，所有的經歷都會給你有意義的回應。勇敢，才可以擁抱世界。

祝願你，也找到讓你勇敢的燃料，在奔向世界的路上發光發亮。

勇敢，就能擁抱世界

作　　者　梁珮珈
責任編輯　吳愷媛
封面設計　兒日（minfeng9@gmail.com）

出　　版　蜂鳥出版有限公司
地　　址　香港鰂魚涌七姊妹道 204 號駱氏工業大廈 9 樓
電　　郵　hello@hummingpublishing.com
網　　址　www.hummingpublishing.com
臉　　書　www.facebook.com/humming.publishing/

蜂鳥出版
HUMMING PUBLISHING
在世界中哼唱，留下文字迴響。

發　　行　泛華發行代理有限公司
印　　刷　同興印製有限公司

初版一刷　2019 年 7 月
定　　價　港幣 HK$118　新台幣 NT$530
國際書號　978-988-79406-7-8